爱阅读课程化丛书/快乐读书吧

爱阅读

昆虫记

[法]让·亨利·卡西米尔·法布尔／著

立　人／编译

无障碍精读版

课外阅读佳作，爱阅读课程化丛书

分级阅读点拨·重点精批详注·名师全程助读·扫清阅读障碍

天地出版社 TIANDI PRESS

图书在版编目（CIP）数据

昆虫记 / [法] 让·亨利·卡西米尔·法布尔著；
立人编译. —成都：天地出版社，2016.8（2024.5 重印）
（爱阅读）
ISBN 978-7-5455-2146-7

Ⅰ.①昆… Ⅱ.①让… ②立… Ⅲ.①昆虫学—青少
年读物 Ⅳ.① Q96-49

中国版本图书馆 CIP 数据核字（2016）第 176927 号

KUNCHONG JI

昆虫记

[法] 让·亨利·卡西米尔·法布尔　著　　立　人　编译

—— 阅读·成长 ——

出 品 人	杨　政
项目统筹	田佰根　王　猛　万可彪　赵亚珍
监　　制	刘俊枫　王莉莉
营销策划	田金香　吴　淼
责任编辑	李　倩
绘　　图	王　珊
装帧设计	宋双成
排版制作	书香文雅
责任印制	白　雪

出版发行	天地出版社
	（成都市锦江区三色路 238 号　邮政编码：610023）
	（北京市方庄芳群园 3 区 3 号　邮政编码：100078）
网　　址	http://www.tiandiph.com
电子邮箱	tianditg@163.com

印　　刷	天津鑫恒彩印刷有限公司
版　　次	2016 年 8 月第一版
印　　次	2024 年 5 月第七次印刷
开　　本	700mm×1000mm　1/16
印　　张	16　　　彩插　0.375
字　　数	222 千
定　　价	24.80 元
书　　号	ISBN 978-7-5455-2146-7

版权所有◆违者必究
咨询电话：（028）86361282（总编室）

田间的音乐家

守时的松树鳃角金龟

大孔雀蝶的晚会

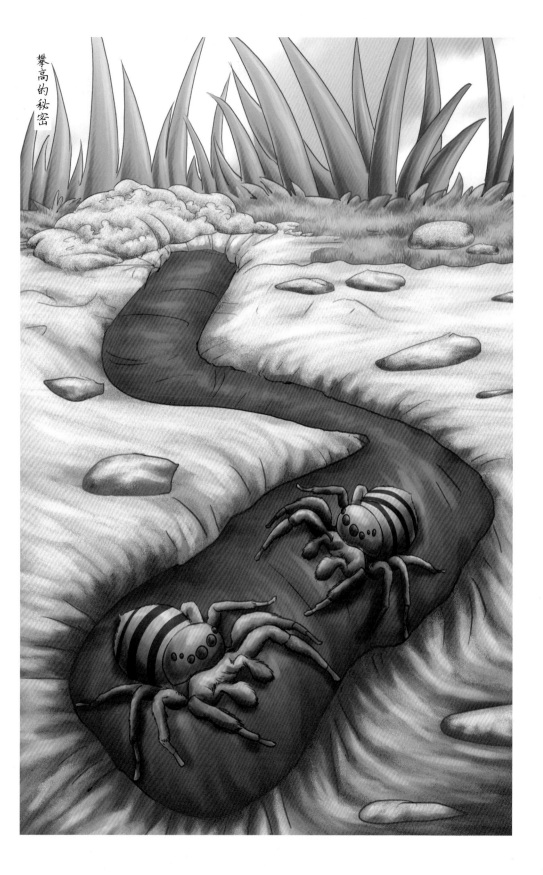

能干的建筑工

总序

　　北京书香文雅图书文化有限公司的李继勇先生与我联系，说他们策划了一套"爱阅读"丛书，读者对象主要是中小学生，这套书可以作为学生的课外阅读用书，希望我写篇序。作为一名语文教育工作者，为学生推荐优秀课外读物责无旁贷，在最近"双减"政策的大背景下，也更有意义。

一、"双减"以后怎么办?

　　前不久，中共中央办公厅、国务院办公厅印发了《关于进一步减轻义务教育阶段学生作业负担和校外培训负担的意见》，对义务教育阶段学生的作业和校外培训作出严格规定。这是一件好事。曾几何时，我们的中小学生作业负担重，不少孩子不是在各种各样的培训班里，就是在去培训班的路上。孩子们"学"无宁日，备尝艰辛；家长们焦虑不安，苦不堪言。校外培训机构为了增强吸引力，到处挖墙脚；有些老师受利益驱使，不能安心从教。他们的行为破坏了教育生态，违背了教育规律，严重影响了我国教育改革发展。教育是什么? 教育是唤醒，是点燃，是激发。而校外培训的噱头仅仅是提高考试成绩，让孩子在中高考中占得先机。他们的广告词是"提高一分，干掉千人"，他们大肆渲染"分数为王"。在这种压力之下，孩子们面对的是"分萧萧兮题海寒"，他们不得不深陷题海，机械刷题。假如只有一部分孩子上培训班，提高的可能是分数。但是，如果大多数孩子或者所有孩子都去上培训班，那提高的就不是分数，而只是分数线。教育的根本任务是立德树人，是培根铸魂，是启智增慧，是让学生德智体美劳全面发展，是培养社会主义建设者和接班人，是为中华民族伟大复兴提供人才，而不是培养只会考试的"机器"，更不能被资本绑架。所以中央才"出重拳""放实招"，目的就是要减轻学生过重的课业负担，减轻家长过重的经济和精神负担。

"双减"政策出台后，学生们一片欢呼，再也不用在各种培训班之间来回奔波了，但家长产生了新的焦虑：孩子学习成绩怎么办？而对学校老师来说，这是一个新挑战、新任务，当然也是新机遇。学生在校时间增加，要求老师提升教学水平，科学合理布置作业，同时开展课外延伸服务，事实上是老师陪伴学生的时间增加了。这部分在校时间怎么安排？如何让学生利用好课外时间？这一切考验着老师们的智慧，而开展各种课外活动正好可以解决这个难题，比如：热爱人文的，可以参加阅读写作、演讲辩论、学习传统文化和民风民俗等社团活动；喜爱数理的，可以参加科普科幻、实验研究、统计测量、天文观测等兴趣小组；也可以参加体育比赛、艺术（音乐、美术、书法、戏剧）体验和劳动教育等实践活动。当然，所有的活动都应以培养学生的兴趣爱好为目的，以自愿参加为前提。学校开展课后服务，可以多方面拓展资源，比如博物馆、图书馆、科技馆、陈列馆、少年宫、青少年活动中心，甚至校外培训机构的优质服务资源，还可组织征文比赛、志愿服务、社会调查等，助力学生全面发展。

二、课外阅读新机遇

近年来，"新课标""新教材""新高考"成为语文教育改革的热词。前不久，我看到一个视频，说语文在中高考中的地位提高了，难度也加大了。这种说法有一定道理，但并不准确。说它有一定道理，是因为语文能力主要指一个人的阅读和写作能力，而阅读和写作能力又是一个人综合素养的体现。语文能力强，有助于学习别的学科。比如：数学、物理中的应用题，如果阅读能力上不去，读不懂题干，便不能准确把握解题要领，也就没法准确答题；英语中的英译汉、汉译英题更是考查学生的语言表达能力；历史题和政治题往往是给一段材料，让学生去分析、判断，得出结论，并表述自己的观点或看法。从这点来说，语文在中高考中的地位提高有一定道理。说它不准确，有两个方面的理由：一是语文学科本来就重要，不是现在才变得重要，之所以产生这种错觉，是因为在应试教育的背景下，语文的重要性被弱化了；二是语文考试的难度并没有增加，增加的只是阅读思维的宽度和广度，考查的是阅读理解、信息筛选、应用写作、语言表达、批判性思维、辩证思维等关键能力。可以说，真正的素质教育必须重视语文，因为语文是工具，是基础。不少家长和教师认为课外阅读浪费学习时间，这主要是教育观念问题。他们之所以有这种想法，无非是认为考试才是最终目的，希望孩子可以把更多时间用在刷题上。他们只看到课标和教材的变化，以为考试还是过去那一套，其实，考试评价已发生深刻变革。目前，考试评价改革与新课标、新教材改革是同向同行的，都是围绕立德树人做文章。中共中央、国务院印发的《深化新时代教育评价改革总体方案》明确指出："稳步推进中高考改革，构建引导学生德智体美劳全面发展的考试内容体系，改变相对固化的试题形式，增强试题开放性，减少死记硬背和'机械刷题'现象。"显然就是要用中高考"指挥棒"引领素质教育。新高考招生录取强调"两依据，一参考"，即以高考成绩和高中学业水平考试成绩为依据，以综合素质评价为参考。这也就是说，高考成绩不再是高校选拔新生的唯一标准，不只看谁考的分数高，还要看谁更有发展潜力、更有创造性、综合素质更高，从而实现由"招分"向"招人"的转变。而这绝不是仅凭一张高考试卷能够区分出来的，"机械刷题"无助于全面发展，必须在课内学习的基础上，辅之以内容广泛的课外阅读，才能全面提高综合素养。

三、"爱阅读"助力成长

这套"爱阅读"丛书是为中小学生量身打造的，符合《义务教育语文课程标准》倡导的"好读书、读好书、读整本书"的课改理念，可以作为学生课内学习的有益补充。我一向认为，要学好语文，一要读好三本书，二要写好两篇文，三要养成四个好习惯。三本书指"有字之书""无字之书"和"心灵之书"，两篇文指"规矩文"和"放胆文"，四个好习惯指享受阅读的习惯、善于思考的习惯、乐于表达的习惯和自主学习的习惯。古人说"读万卷书，行万里路"，实际上就是要处理好读书与实践的关系。对于中小学生来说，读书首先是读好"有字之书"。"有字之书"，有课本，有课外自读课本，还有"爱阅读"这样的课外读物。读书时我们不能眉毛胡子一把抓，要区分不同的书，采取不同的读法。一般说来，有精读，有略读。精读需要字斟句酌，需要咬文嚼字，但费时费力。当然也不是所有的书都需要精读，可以根据自己的需要决定精读还是略读。新课标提倡中小学生进行整本书阅读，但是学生往往不能耐着性子读完一整本书。新课标提倡的整本书阅读，主要是针对过去的单篇教学来说的，并不是说每本书都要从头读到尾。教材设计的练习项目也是有弹性的、可选择的，不可能有统一的"阅读计划"。我的建议是，整本书阅读应把精读、略读与浏览结合起来。精读重在示范，略读重在博览，浏览略观大意即可，三者相辅相成，不宜偏于一隅。不仅如此，学生还可以把阅读与写作、读书与实践、课内与课外结合起来。整本书阅读重在掌握阅读方法，拓展阅读视野，培养读书兴趣，养成阅读习惯。

再说写好两篇文。学生读得多了，素养提高了，自然有话想说，有自己的观点和看法要发表。发表的形式可以是口头的，也可以是书面的，书面表达就是写作。写好两篇文，一篇"规矩文"，一篇"放胆文"。"规矩文"重打基础，"放胆文"更见才气。"规矩文"要求练好写作基本功，包括审题、立意、选材、构思等，同时还要掌握记叙文、议论文、说明文、应用文的基本要领和写作规范。"规矩文"的写作要在教师的指导下进行。"放胆文"则鼓励学生放飞自我、大胆想象，各呈创意、各展所长，尤其是展现自己的应用写作能力、语言表达能力、批判性思维能力和辩证思维能力。"放胆文"的写作可以多种多样，除了写大作文，也可以写小作文。有兴趣的还可以进行文学创作，写诗歌、小说、散文、剧本等。

　　学习语文还要养成四个好习惯。第一，享受阅读的习惯。爱阅读非常重要。每个同学都应该有自己的个性化书单，有的同学喜欢网络小说也没有关系，但需要防止沉迷其中，钻进"死胡同"。这套"爱阅读"丛书，就给中小学生课外阅读提供了大量古今中外的名家名作。第二，善于思考的习惯。在这个大众创业、万众创新的时代，创新人才的标准，已不再是把已有的知识烂熟于心，而是能够独立思考，敢于质疑，能够自己去发现问题、提出问题和解决问题，需要具有探究质疑能力、独立思考能力、批判性思维和辩证思维能力。第三，乐于表达的习惯。表达的乐趣在于说或写的过程，这个过程比说得好、写得完美更重要。写作形式可以不拘一格，比如作文、日记、笔记、随笔、漫画等。第四，自主学习的习惯。我的地盘我做主，我的语文我做主。不是为老师学，也不是为父母长辈学，而是为自己的精神成长学，为自己的未来学。

　　愿广大中小学生能借助这套"爱阅读"丛书，真正爱上阅读，插上想象的翅膀，飞向未来的广阔天地！

2021 年 10 月 15 日

写于京东大运河畔之两不厌居

·作家生平·

法布尔（1823年12月22日—1915年10月11日），法国博物学家、昆虫学家、科普作家，以《昆虫记》一书留名后世。他为现代昆虫学与动物行为学的先驱。法布尔以擁瞳目、顆瞳目、直翅目的研究闻名。

毕生观察昆虫的法布尔，与世无争，宁愿整日趴在石头上津津有味地体会昆虫生活中的喜怒哀乐，也不愿去参加一场上流社会的晚宴。为了研究虫子，他举家迁居小镇边缘，住老旧民宅，宁愿孤独、清苦地走完一生。

一个人耗费一生的光阴来观察、研究"虫子"，已经算是奇迹了；一个人一生专为写"虫子"写出十卷大部头的书，更是奇迹；而这书写"虫子"的书居然一版再版，先后被翻译成50多种文字，直到百年之后还会在读书界一次又一次引起惊叹，更是奇迹中的奇迹。法布尔也由此获得了"科学诗人""昆虫荷马""昆虫世界的维吉尔"等桂冠。

·创作背景·

法布尔在出版了《天空》《大地》《植物》《保尔大叔谈害虫》等系列作品后，1875年，他带领家人迁往乡间小镇。整整20余年资料而写成的《昆虫记》第一卷于1879年问世。1880年，法布尔用积攒下的钱

购得一老旧民宅，他用当地普罗旺斯语给这处居所取了个雅号——荒石园。年复一年，"荒石园"主人穿着农民的粗呢子外套，用尖镐铲锄细细挖挖，一直自灾岩园建成了。他把劳动成果写进一卷又一卷的《昆虫记》中。1910年，《昆虫记》第十卷问世，法布尔86岁。

·作品速览·

法布尔以生花妙笔写成《昆虫记》，书中以人性化观照虫性，用通俗、生动有趣的笔调，深入浅出地介绍了昆虫的种类、特征、习性、婚习，真实地记录了几种常见昆虫的本能、习性、劳动、死亡等，既表达了作者对生命和自然的热爱和尊重，又传播了科学知识，体现了作者融入人微、孜孜不倦的科学探索精神。

《昆虫记》不仅仅缓淌着对生命的敬畏之情，更蕴含着某种精神——那种精神就是求真，即边求真理、探求真相。

·文学特色·

法布尔的《昆虫记》誉满全球，在法国自然科学史与文学史上都有它的地位，被称为"昆虫的史诗"。

《昆虫记》表述的是昆虫为生存而斗争所表现的惊人的灵性。法布尔把毕生生泉虫研究的成果和经历大部分用散文的形式记录了来，以人文精神融领自然科学的庞杂实据，虫性、人性交融，使昆虫世界成为人类获知识、趣味、美感和思想的文学形态。将以昆虫小生的话题书写成具有各层次深意味、全方位价值的鸿篇巨制。这样的作品在世界文学史上达到空前地位。没有哪位昆虫学家具备如此高的文学表达才能，没有哪位作家具备如此博大精深的昆虫学造诣。

在晚年，法布尔出版了《昆虫记》最后几卷，使他不但在法国赢得众多读者，在全世界，其大名也已为广大读者所熟知。

"作家生平"，走近作家，一睹作家风采；"创作背景"，了解作品创作的时代背景；"作品速览"，把握故事全貌、主题意蕴；"文学特色"，发掘作品深刻的文学价值，以增进理解，提高阅读效率。

名家心得

《昆虫记》融作者毕生的研究成果和人生感悟于一炉，以人性观察虫性，将昆虫世界化作人类获取知识、趣味、美感和思想的文学。

——金

羡慕有这样的好书看的别国少年，也希望中国有人来做这翻译编纂的事业。

——周作人

读者感悟

翻开《昆虫记》，我仿佛走进了一个奇妙而又神秘的世界，在这里我看到了一幅幅有关昆虫的精彩画卷，在这里我领略了更多神奇的秘密。

《昆虫记》，它是法国杰出昆虫学家、文学家法布尔的传世佳作，亦是一部不朽的著作。作者毕生研究成果和人生感悟于一炉，娓娓道来，我十分佩服作者那份坚持不懈的精神，他能够花费一生的精力去研究昆

阅读拓展

《昆虫记》被译成许多种文字出版，中国也翻译出版了大量法布尔的作品。《松树金龟子》（谭常轲译，上海文化生活出版社1999年版，原文有删改）被选入苏教版一下学期语文书第4单元第16课。另外，法布尔所写的《蟋蟀的住宅》被选为人教版小学四年级上学期第二单元第7课和冀教版小学六年级下学期第五单元第26课。

真题演练

一、填空题

1.《昆虫记》是　　　　国杰出昆虫学家　　　　的传世佳作。

2.《昆虫记》中的"音乐家"是　　　　。

3.《昆虫记》又译为《　　　　》。

4.《昆虫记》不仅是一部　　　　，还是一部　　　　。

5.《昆虫记》中　　　　的幼虫都有一种惊人的本领，就是将固体物质变成液体成果。

二、选择题

1.蜜蜂在《昆虫记》中被称为（　　）。

A.勤劳的使者　　B.不会迷失的精灵

2.（　　）不怕蝎子的毒。

A.猿蜂

B.金匠花金龟幼虫

C.金步甲幼虫

"读者感悟"，看看别人怎么想；"阅读拓展"，帮你丰富文学知识，增强艺术感受力；"真题演练"，考查阅读本书后的效果，是对阅读成果的巩固和总结。习题具有一定的延伸性和扩展性，对于没有回答上来的问题，读者可以借此发现阅读上的不足，心中带着疑问，为下一次的精读做好准备。

古老的家族

名师导读

从化石提供的证据中，"我"了解到一个古老的家族——老象虫家族。现在，让我们一起来了解这种古老的生物吧！

① 在阿普特周围，一种奇特的岩石遍地皆是，它已风化得像书页了，类似于浅白色的硬纸板片。这种岩石用火点燃会冒出黑烟，有一股沥青味儿，它沉积在鳄鱼和巨龟经常出没的一些大潮的潮底。这些大潮人类从未亲眼见过，潮盆被山脊所替代，潮泥平静地沉积成一层层的薄地层，变成了又大又硬的礁石。

我们从这礁石上分离出一块石板来，然后再用刀尖把这块石板分成一些薄片。这工作十分容易，就像把重叠在一起的硬纸板一层层地剥开似的。我们这样做，就像是在查阅从大山图书馆取出的一部书。我们在浏览一本配有精美插图的书。

❶特别介绍——
这段话交代了阿普特周围奇特岩石的特点。

3

指引你快速知晓章节内容，提高阅读兴趣。

名师妙语，见解独特，视角新颖。

作者先将雌小阔条纹蝶的样子描述出来，然后通过一次雄蝶前来献媚的情况引出疑问，同时开始用实验来证明自己的想法，几经波折，由于一次意外，"我"了解了真相。故事一波三折，引人入胜。

1.恶心的气味让小阔条纹蝶迷了方向没有？
2.蝴蝶是如何找到雌蝶的？

相关链接

本章中作者延续了上一章对蝴蝶的研究，由于之前的大孔雀蝶试验的失败，作者换用了小阔条纹蝴蝶继续进行试验。开头处描述了小阔条纹蝶的外貌特征，并且强调了这种蝴蝶的稀有与名著，为后文做铺垫。作者试图证明气味对它们的作用，用各种带有强烈气味的材料放在雌蝶周围，但是却没能对雌蝶造成任何干扰；随后又进行了另外的试验，发现被移出的雄蝶很难被引到雌蝶处，反而是雌蝶曾经待过的位置和物体对雄蝶更有吸引力，于是作者的猜想得到证实，明白了雌蝶并不是依靠视觉，而是通过嗅觉来寻找雌蝶。雌蝶会分泌出一种雄蝶能够闻到的气味，它制造的散发物吸引着雄蝶从远方而来。后来作者又通过其他品种的蝶的试验，证明了不同蝶类的同样的器官却有不同的作用。

77

评点章节要旨，发人深省。

开拓思维，启迪智慧。

在轻松阅读中开阔视野。

Contents

目录

·作家生平·

法布尔（1823 年 12 月 22 日—1915 年 10 月 11 日），法国博物学家、昆虫学家、科普作家，以《昆虫记》一书留名后世。身为现代昆虫学与动物行为学的先驱，法布尔以膜翅目、鞘翅目、直翅目的研究而闻名。

毕生观察昆虫的法布尔，与世无争，宁愿整日趴在石头上津津有味地体会昆虫们的喜怒哀乐，也不愿去参加一场上流社会的晚宴。为了研究虫子，他举家迁居小镇边缘，住老旧民宅，宁愿孤独、清苦地走完一生。

一个人耗费一生的光阴来观察、研究"虫子"，已经算是奇迹了；一个人一生专为"虫子"写出十卷大部头的书，更不能不说是奇迹；而这些写"虫子"的书居然一版再版，先后被翻译成 50 多种文字，直到百年之后还会在读书界一次又一次引起轰动，更是奇迹中的奇迹。法布尔也由此获得了"科学诗人""昆虫荷马""昆虫世界的维吉尔"等桂冠。

·创作背景·

法布尔在出版了《天空》《大地》《植物》以及《保尔大叔谈害虫》等系列作品后，1875 年，他带领家人迁往乡间小镇。整理 20 余年资料而写成的《昆虫记》第一卷于 1879 年问世。1880 年，法布尔用积攒下的钱购得一老旧民宅，他用当地普罗旺斯语给这处居所取了个雅号——荒石园。年复一年，"荒石园"主人穿着农民的粗呢子外套，用尖镐平铲刨刨挖挖，一座百虫乐园建成了。他把劳动成果写进一卷又一卷的《昆虫记》中。1910年，《昆虫记》第十卷问世，法布尔86岁。

·作品速览·

法布尔以生花妙笔写成《昆虫记》，书中以人性化观照虫性，用通俗、生动有趣的笔调，深入浅出地介绍了昆虫的种类、特征、婚习，真实地记录了几种常见昆虫的本能、习性、劳动、死亡等，既表达了作者对生命和自然的热爱和尊重，又传播了科学知识，体现了作者细致入微、孜孜不倦的科学探索精神。

《昆虫记》不仅仅浸淫着对生命的敬畏之情，更蕴含着某种精神。那种精神就是求真，即追求真理，探求真相。

·文学特色·

法布尔的《昆虫记》誉满全球，在法国自然科学史与文学史上都有它的地位，被誉为"昆虫的史诗"。

《昆虫记》表述的是昆虫为生存而斗争所表现的惊人的灵性。法布尔把毕生从事昆虫研究的成果和经历大部分用散文的形式记录下来，以人文精神统领自然科学的庞杂实据，虫性、人性交融，使昆虫世界成为人类获得知识、趣味、美感和思想的文学形态，将区区小虫的话题书写成具有多层次意味、全方位价值的鸿篇巨制，这样的作品在世界文学史上诚属空前绝后：没有哪位昆虫学家具备如此高明的文学表达才能，没有哪位作家具备如此博大精深的昆虫学造诣。

在晚年，法布尔出版了《昆虫记》最后几卷，使他不但在法国赢得众多读者，在全世界，其大名也已为广大读者所熟知。

古老的家族

名师导读

从化石提供的证据中，"我"了解到一个古老的家族——老象虫家族。现在，让我们一起来了解这种古老的生物吧！

①在阿普特周围，一种奇特的岩石遍地皆是，它已风化得像书页了，类似于浅白色的硬纸板片。这种岩石用火点燃会冒出黑烟，有一股沥青味儿，它沉积在鳄鱼和巨龟经常出没的一些大湖的湖底。这些大湖人类从未亲眼见过，湖盆被山脊所替代，湖泥平静地沉积成一层层的薄地层，变成了又大又硬的礁石。

我们从这礁石上分离出一块石板来，然后再用刀尖把这块石板分成一些薄片。这工作十分容易，就像把重叠在一起的硬纸板一层层地剥开似的。我们这样做，就像是在查阅从大山图书馆取出的一部书。我们在浏览一本配有精美插图的书。

❶特别介绍·········
这段话交代了阿普特周围奇特岩石的特点。

3

❶叙述介绍 ⋯⋯⋯

交代化石的特点：它保留着自己的骨架，但是没有了血肉。

🖋 **读书笔记**

❷举例说明 ⋯⋯⋯

介绍现在普罗旺斯生长的植物，与从石头植物集里所看到的不同。

❸抒情 ⋯⋯⋯

小的东西有时可以抵抗强大的力量。

在这一页上，展现的是随意聚集在一起的鱼类。你会以为那是用石油煎炸过的鱼。① 鱼刺、鱼鳍、脊椎架、鱼头小骨、已变成黑色小球的晶状眼球等全都印在上面，与生前的自然形态一模一样。唯一缺少的是鱼肉。

这无伤大雅，鲍鱼这道菜让人大饱眼福，使人禁不住想要用指尖去刮擦刮擦，再尝上一口这种保存了数千年的鱼肉罐头。

插图四周没有一点儿文字说明，思考代替了文字说明。

这突然暴涨的湖水还夹带来附近被雨水冲刷的泥土以及一大堆一大堆的植物或动物的残肢碎屑。因此，这湖泊的沉积物也告诉了我们那些陆地生物的情况。这是当时的生命的总汇。

我们再翻过我们的石板或者说我们的画册的一页。里面有长着翅膀的种子、褐色印迹的叶子。石头植物集与专业植物集在比试着植物的清晰度。

这石头植物集在向我们传达贝壳已经告诉过我们的情况：世界在变化着，太阳的烈炎在减弱。现在普罗旺斯的植物并非从前的那些植物。② 现在普罗旺斯的植物中不再有棕榈树、散发出樟脑味的月桂树、带羽毛饰的南洋杉以及其他的许许多多现已属于热带植物的树木和灌木。

我们继续往下翻阅。现在看到的是昆虫。最常见的是双翅目昆虫，个头儿很小，常常是一些不起眼的小飞虫。大角鲨牙齿的粗糙石灰质外表的中间却十分细滑，我们看了非常惊讶。对这些嵌于泥灰岩圣骨箱中而完好无损的娇小飞虫又该说些什么呢？③ 我们用手去抓必定会使之粉身碎骨的。这种娇小生命竟然在崇山峻岭的重压之下躺在里面没有变形！

那 6 只细爪张开在石头上，形状、姿态完全处于休息之中，^①稍稍一碰，爪子肯定会断。爪子很完整，包括指头上的双爪也都在。两个翅膀是展开来的，用放大镜对双翅的纤细脉网进行研究，同用大头针把这只昆虫固定住加以研究是异曲同工的。触角的羽毛饰丝毫未失其纤巧美丽，腹部的体节可以数清，有一排微粒围着，这些微粒就是它的纤毛。

当然，蚊虫并非来自远方，不是由上涨的湖水卷带而来的。在大水到来之前，涓涓细流本来就会将它化为它已极其接近的乌有状态的。它在湖边结束了生命。它被一个早晨的欢乐杀死了，因为一个早晨对于蚊虫来说就已算是长命百岁了。它从灯芯草顶端掉下来淹死了。

其他的那些虫子，那些粗短的、长着坚硬的凸状鞘翅的虫子，那些数量仅次于双翅目昆虫的虫子，它们是些什么样的虫子呢？看看它们延伸成喇叭状的狭小的脑袋，我们就一清二楚了。^②它们是长鼻鞘翅目昆虫，是有吻类昆虫。说得稍许文雅点，就是象虫。细小的、中等个儿的、大个头儿的，全都有，与它们今天的同类的大小一样。

它们在石灰质岩片上的姿态没有蚊虫的姿态端正。爪子乱伸，喙或藏在胸下，或向前伸出。它们当中，有的露出喙的侧面，更多的是通过颈部的一绺浓毛把喙歪在一边。

^③这些肢体残缺不全、身体扭曲着的象虫不是突然地、平静地被埋葬的。虽然有许多象虫是在湖边植

❶细节描写

对这种昆虫的详细描写，表现了它们在泥灰岩中保存之完好。

❷说明介绍

介绍数量仅次于双翅目昆虫的虫子，引出本章要介绍的主人公——象虫。

❸过渡、说明

这句话说明了保存完好、姿态端正的昆虫都是突然地平静地被埋葬的。

物丛中了却一生的，但大部分其他象虫则是来自周围地区，被雨水冲带来的，在途中遇到细枝碎石，把肢体弄得残缺不全。它们虽然身有铠甲，使身子完好无损，但肢爪上细小的关节却被弄弯弄残。而污泥这块裹尸布，把它们在途中被弄成什么样儿就什么样儿地裹起来。

❶ 总结
交代这些象虫带来的信息，表现出象虫的地位不一般。

① 这些外来的象虫也许来自远方，它们向我们提供了宝贵的资料。它们告诉我们，如果说湖边昆虫类的最主要代表是蚊子的话，那么树林中昆虫类的代表则是象虫。

除了吻管科昆虫，我的那些岩石书页特别是在鞘翅目昆虫方面的确没再向我展示什么。那么，其他的那些陆地昆虫族，如步甲虫、食粪虫、圣金龟等被雨水不分彼此地像象虫一样地带到湖中来的那些昆虫现在都在哪儿呢？这些今天繁荣昌盛的昆虫族类没有留下一点点蛛丝马迹。

❷ 设置悬念
提出疑问，大胆假设，设置悬念。

② 水龟虫、豉虫、龙虱这些水中居民都在何处？关于这些湖泊昆虫，很可能在我们发现它们时，它们已在两块泥炭岩中间变成木乃伊了。如果当时有这种昆虫存在的话，那它们就生活在湖泊中，而湖中的淤泥就很可能把这些带角的昆虫比小鱼，尤其是比双翅目昆虫更加完整地保存下来的。喏，关于这些水生鞘翅目昆虫，也没有留下任何的踪迹。

❸ 总结
"我"认为象虫是很古老的鞘翅目昆虫。

这些地质圣骨箱中找不到的昆虫，它们究竟在哪里呢？荆棘丛中的、草丛中的、被虫蛀蚀的树干中的这些昆虫——会钻木、滚粪球的金龟子、对猎物开膛破肚的步甲虫，它们都在哪里呢？它们全都是处于变化中的未成形者。在当时还没有它们。未来在等待着它们。③ 如果我相信我闲暇时查阅的那些简单的档案资料的话，象虫就可能是鞘翅目昆虫中的长者。

在其初始阶段，生命制造出一些可能与现今和谐状态中的情景相去甚远的奇特的东西。当生命创造蜥蜴类动物的时候，它一开始热衷于一些长达 15 米至 20 米的怪兽。① 它让它们鼻子上、眼睛上长上角，让它们背部披上鳞片，让它们脖颈凹成有刺的袋子，脑袋可以像是戴风帽似的缩到里面去。

❶外貌描写
交代最初蜥蜴类动物的模样，与现在有很大的区别。

生命甚至还试图让这些巨兽长上翅膀，但却未能遂愿。经过这些可怕的事情之后，它们生殖的激情平静下来。于是，便出现了我们藩篱上可爱的绿色蜥蜴。

当生命创造鸟的时候，它让鸟喙上长有爬行动物的尖利的牙齿，让鸟的臀部拖着饰有羽毛的尾巴。这些未定型的、丑陋不堪的生物是红喉雀和鸽子的远祖。

② 所有这些原始动物，头都很小，智力很差。远古的野兽没有别的，只是一部捕捉猎物的机器，一只消化食物的胃。智力当时尚无关紧要，那是后来的事。

❷交代特点
远古动物区别于现在动物的特点。

象虫就在以自己的方式稍微在重复这类畸变。看看它小脑袋上的那个怪异的延伸部分。那上面有又厚又短的吻，有很粗的圆形吻管或切削成四棱面的吻管。另外，这个延伸部分就像北美印第安人那奇模怪样的长烟袋，它极其纤细，长如身子，甚至超过身长。在这个奇特的工具末端，在末端口里，是上颚那把精巧的剪刀。其身体两侧为两根触角。

③ 这个喙，这个嘴，这个怪模怪样的鼻子有什么用处呀？象虫是在哪儿找到这种器官的模型的？它哪儿也没找到过这种模型，它自己就是这种模型的创造者，它拥有这种模型的专利。除了它这一种族，其他任何鞘翅

❸自问自答
通过一问一答的方式向读者展示了象虫的器官的独特。

目昆虫都没有这种奇形怪状的嘴。

我们还要注意它脑袋之狭小异常。那是在鼻子底部膨胀起来的一个球球。那球里面会有什么呢？一个可怜的神经工具，那是极其有限的本能的标志。在看到这些小脑袋的家伙干活儿之前，没人注意它们智力方面的事。它们被归入木讷迟钝、没有本领的昆虫之列。这种看法以后并未遭到否定。

虽然象虫科昆虫在才能方面没人恭维，但并不能因此就对它们不屑一顾。正如湖中岩片书页告诉我们的那样，它们是位居长鞘翅的昆虫之前列的。它们早就在预防突发事件方面领先于在孵育方面最为灵巧的昆虫。它们向我们展示了一些原始昆虫形态，有时是极其怪异的形态。① 它们在自己那小小的世界中，就如同长着齿形大颚的猛禽和长着有角的眉毛的蜥蜴在它们那高级世界中的情况一样。

它们一直繁荣昌盛、繁衍至今，但特征未变。它们今天的形态就是它们在各大陆的古老年代的形态。这一点儿由石灰岩书页高度地证明了。② 我敢于把其属，有时甚至是其种的名称标注在岩片书页的那些图像下面。

本能的不变性应该是伴随着形态的恒久性的。通过查阅现代象虫科昆虫的资料，我们将就它们祖先的生物单方面写出与其实际情况较接近的一个章节。在它们祖先的那个时代，我们的普罗旺斯还有棕榈树在遮蔽着鳄鱼出没的辽阔的湖泊。讲述现代的历史，将向我们叙述往昔的历史。

读书笔记

❶类比、说明……
"麻雀虽小，五脏俱全"，象虫虽没什么才能，但在长鞘翅的昆虫中还是有着很重要的地位。

❷叙述……
表现出"我"的自信，也说明象虫族的形态恒久不变的特点。

注释
木讷：朴实迟钝，不善于说话。

精华赏析

本文通过对化石的描述而引出一个古老的家族——老象虫家族，描写了象虫形态恒久不变的一大特点。作者通过白描的手法，将老象虫的外部特点一一介绍出来，同时也展现出它的地位和内在价值。

延伸思考

1. 鱼化石上没有什么？
2. 象虫的外貌有哪些特点？

相关链接

本章主要讲述了化石中保存下来的古老生命标本。先是通过对化石中的鱼和植物的描述介绍了化石对于研究当时的自然环境和生物进化所具有的重要意义，随后引出了昆虫化石，并且细致地讲解了象虫，展现出昆虫进化的历程，并且说明了象虫形态的稳定性。

田间的音乐家

名师导读

席地坐在迷迭香花丛中，偷听美妙迷人的音乐，意大利蟋蟀优美的歌声，带给我们心灵的震撼。

我们这儿见不着面包铺和乡间灶屋间的常客的那种家蟋蟀。不过，如果说在我们村子里壁炉石板下面的缝隙里没有蟋蟀的叫声的话，那么作为补偿，夏夜的田野里却响着美妙的歌声，那是北方所不大听到的。① 春季里，阳光灿烂时，田间地头的蟋蟀便唱起了交响曲；夏日里，在夜阑人静时，则有树蟋蟀，或称意大利蟋蟀在鸣唱。一个是昼间蟋蟀，一个是夜间蟋蟀，它们平分那美妙的季节。在前者停止歌唱期间，后者便开始唱起小夜曲来。

意大利蟋蟀没有黑色外套，而且体形也无一般蟋蟀那种粗笨的特点。恰恰相反，它细长、瘦弱、苍白，几乎全白，正适合夜间活动的习惯要求。你捏在手里都生怕把它捏碎。它在各种小灌木上，在高高的草丛中，跳来蹦去，很少待在地上生活。从7月一直到10月，它们日落时分开始歌唱，一直唱到大半夜，是一场悦耳动

❶排比

运用排比突出表达了有蟋蟀的乡间的美妙。

听的音乐会。

① 这儿的人们都非常熟悉这种歌声，因为无论多小的荆棘丛中都有这种交响乐的演唱者。它们甚至还在粮仓里歌唱，那是因为运草料时把它们夹带了来，使它们迷了路径，无法回返。这种苍白的蟋蟀习俗神秘，所以，谁也不确切地知晓是什么蟋蟀唱出的这么好听的小夜曲。人们误以为是普通的蟋蟀唱的。可是，这个季节，普通蟋蟀尚小，还不会歌唱。

意大利蟋蟀的歌声是"格里——依——依""格里——依——依"这种缓慢而柔和的声音，唱起来还微微发颤，使歌声更加悦耳动听。你一听就会猜想到它的振动膜是极其细薄而宽大。如果它待在叶丛中无人惊扰的话，它的声音就不会变化。但稍有动静，这位歌手便立即改用腹部发声。② 你刚才听见它一直在你面前歌唱，可突然间，你听见的是它在那边20步开外的地方继续鸣唱，但音量减弱了，你还以为是距离使然。

你跑过去，但什么也没发现，声音仍旧是从原来的地方发出来的。还不仅仅如此。这一次声音是从左边传来的，也许是从右边或者是从后面传来的。你完全给弄糊涂了，无法凭借自己的听觉去辨别蟋蟀到底是在何处鸣叫的。你必须提着提灯，而且要极有耐心，还得小心翼翼，不出任何响动，才能在灯光的帮助下捉到这个歌唱家。我就如此这般地捉到了几只，放进笼中，从而多少了解了一点点迷惑我们听觉的演唱家的情况。

③ 两片鞘翅都是由一片宽大的半透明干膜构成，薄如一片白色洋葱片，能够整个儿地震颤。鞘翅状如圆的一端，上端略小。圆的这一端按一条粗重纵翅脉折成直角，再以鞘翅凸边沿体侧往下，在蟋蟀休息时，包住其

身体。

右鞘翅覆盖在左鞘翅上。右鞘翅内侧靠翅根处有一块胼胝，辐射出五条翅脉，两条冲上，两条往下，而第五条几乎呈横向，略微泛红，是基本部件，也就是琴弓，这从其上横向的细锯齿一看便知。鞘翅的其他地方还有几条不太粗的翅脉，功用在于绷紧薄膜，但不是摩擦器的组成部件。

左鞘翅，或者说下鞘翅，结构与右鞘翅相同，区别在于琴弓、胼胝以及由胼胝辐射出去的翅脉位于上部表面。此外，我们还可以看到左右两把琴弓呈斜向交叉。

① 当蟋蟀放声歌唱时，左右鞘翅高高地竖起，宛如一张薄纱船帆，只是内边缘相互接触。这时候的左右两把琴弓是彼此斜着咬合着的，它们相互摩擦便使得绷得紧紧的薄膜产生强烈的震颤。

❶ 解释说明
这两段话交代了蟋蟀发出不同声音以及有的蟋蟀用声音迷惑人、让人觉得声音前后左右难以捉摸的原因。

根据每把琴弓是在另一个鞘翅的胼胝（其本身也是粗糙的）上还是在四条光滑的辐射翅脉中的一条上摩擦，蟋蟀发出的声音则有所不同。这也许部分地解释了为什么胆小的蟋蟀怀疑遇到危险时会用声音迷惑我们，让人觉得声音发自前后左右，难以捉摸。

声音的强弱、响亮、沉闷变化，使人产生距离上的错觉，这是蟋蟀这个腹语者的高超艺术手段，而这种错觉的产生还有另一个原因，这很容易发现的。② 声音响亮时，鞘翅是完全竖起的；声音沉闷时，鞘翅则多少有点下垂。当鞘翅处于下垂状态时，其外侧边缘不同程度地压在蟋蟀柔软的侧部，从而随之减小了振动部分的面积，声音也就随之变小。

❷ 解释说明
声音不同时蟋蟀各个部位是有着不同的变化的。

用手指触摸敲响的玻璃杯，它便声音发闷，仿佛是从远处传来。灰白色蟋蟀深谙这个声学奥秘。当有人去捉它时，它便把振动片的边缘压在柔软的肚腹上，使人不知它身在何处。我们的乐器有制振器、消音器，意大利蟋蟀的制振器、消音器可与之媲美，而且结构简单、功效奇佳，胜我们一筹。

田间地头的蟋蟀及其同类昆虫也使用这种消音办法，把鞘翅边缘压在肚腹或高或低处，以减轻振动。① 但是，它们中没有谁能像意大利蟋蟀的本事那么大，能产生如此神奇的效果。

❶反衬
运用对比，反衬了意大利蟋蟀的本领之大。

我们的脚步声一靠近，哪怕是极轻极轻的，蟋蟀就会用这种办法对付我们，使我们产生错觉。除此而外，它的声音还非常纯正，带有柔和的颤音。仲夏夜，万籁俱寂时，还有哪种昆虫的鸣叫胜过意大利蟋蟀的？那么优美，那么清脆。我不知有多少次，席地躺在迷迭香花丛中躲着，偷听那美妙迷人的音乐演唱会啊！

② 我的花园里夜间歌唱的蟋蟀非常多，每一簇红花岩蔷薇都有其合唱队员；每一束薰衣草中也都有自己的乐队。那枝繁叶茂的野草莓树丛中，那笃耨香树丛中，都成了蟋蟀们的演唱场地。这个小天地中的小生物们以自己那优美清亮的声音在彼此探问、相互应答；或者可以说是对别的歌手无动于衷，只是自顾自地在抒发自己的情怀。

❷细节描写
说明"我"的花园里的蟋蟀特别多。

③ 高处，我头顶上方，天鹅星座在银河中伸长它那巨大的十字架；下方，就在我的四周，蟋蟀在演唱交响曲，此起彼伏，抑扬顿挫。唱出自己欢乐心声的这些小小的生命使我忘记了群星璀璨。天空中的那些眼睛平静冷漠地眨巴着，在看着我们，可我们对它们却一无所知。

❸场景描写
蟋蟀的歌唱为"我"的生活平添了许多的乐趣，也引发了"我"的联想。

科学告诉我们，它们离我们有多远，它们的速度有多快，它们的体积有多大，它们的质量有多重，还告诉我们它们不计其数，令我惊愕不已，但是，这并未使我们有一丁点儿的激动。① 为什么？因为科学缺少了那个巨大的秘密，即生命的秘密。天上有什么？太阳在温暖着什么？理性告诉我们说，有一些类似于我们的世界，有一些生命在其间进行无穷变化的大地。这种宇宙观可谓宏大无比，但却是一种观念而已，并没有确凿的根据。确凿的事实才是至高无上的，是看得见摸得着的。所谓"可能"，甚至"极其可能"，都不是"明显"，并不是显而易见、无懈可击的。

❶自问自答
科学并不能解释生命的意义。

② 可我的蟋蟀们却是我的伴侣，它们使我感到了生命的颤动，而生命正是我们的灵魂。正因为如此，我才身子倚着迷迭香树篱，只是心不在焉地随意向大鹅座瞥上一眼，我的全部心思都集中在它们那小夜曲上了。

❷概括总结
蟋蟀对于我们的意义。

一小块注入了生命的能感受苦与乐的蛋白质，远远超过庞大的无生命的原料。

精华赏析

作者用细腻的语言将蟋蟀的外貌特征和声音特征展现出来，并详细地解释了蟋蟀发声的秘密，同时也表达了作者对蟋蟀的喜爱之情。

延伸思考

1.意大利蟋蟀的音乐会是从几月到几月？

2.蟋蟀发出的声音为何会让人觉得难以捉摸？

相关链接

　　本章主要介绍了意大利蟋蟀，用非常细致的描写来介绍意大利蟋蟀的外形特点和生理构造，详细讲解了意大利蟋蟀的鞘翅构造和它们利用鞘翅发出声音的方式。开头先解释了意大利蟋蟀与普通蟋蟀的不同，随后强调了意大利蟋蟀变幻莫测的声音使人迷惑，设置悬念引起读者阅读兴趣，后文中详细地解释了它们是如何利用自己的生理特点来发出变幻莫测的声音，让人对大自然的神奇智慧叹为观止，表达了作者对意大利蟋蟀的喜爱和赞美。其间穿插各种设问和反问来引出下文，充分表达出作者本人倾注于其中的饱满感情。

愚蠢的隧蜂

名师导读

你了解隧蜂吗？它们有别的蜂类没有的独一无二的腹环，它们面对比自己弱小的偷食者愚蠢地无限宽容，致使自己的孩子饿死……

❶开门见山

开门见山提出疑问，引出本章的主人公。

❷对比

通过对比，突出了隧蜂的外部特征。

① 你了解隧蜂吗？你大概是不了解。这无伤大雅，即使不了解隧蜂，照样可以品尝人生的种种温馨甜蜜。然而，只要努力地去了解，这些不起眼的昆虫却会告诉我们许多奇闻趣事；而且，如果我们对这个纷繁的世界拓宽一点儿我们的知识面的话，同隧蜂打打交道并不是什么让人鄙夷不屑的事。既然我们现在有空闲的时间，那就了解了解它们吧。它们值得我们去了解的。

② 怎么识别它们呢？它们是一些酿蜜工匠，体形一般较为纤细，比我们蜂箱中养的蜜蜂更加修长。它们成群地生活在一起，身材和体色又多种多样。有的比一般的胡蜂个头儿要大，有的与家养的蜜蜂大小相同，甚至还要小一些。这么多种多样，会让没经验的人束手无策。但是，它们有一个特征是永远不会改变的。任何隧蜂都清晰可辨地烙有本品种的印记。

你看看隧蜂肚腹背面腹尖上那最后一道腹环。如果你抓住的是一只隧蜂，那么其腹环则有一道光滑明亮的细沟。当隧蜂处于防卫状态时，细沟则忽上忽下地滑动。这条似出鞘兵器的滑动槽沟证明它就是隧蜂家族之一员，无须再去辨别它的体形、体色。①在针管昆虫属中，其他任何蜂类都没有这种新颖独特的滑动槽沟。这是隧蜂的明显标记，是隧蜂家族的族徽。

②4月，工程谨慎小心地开始了，不是一些新土小包的话，外面是一点儿也看不出来的。外面工地上没有一点动静。工匠们极少跑到地面上来，因为它们在井下的活计十分繁忙。有时候，这儿那儿，有这么一个小土包的顶端晃动起来，随即便顺着圆锥体的坡面滑落下去。这是一个工匠造成的，它把清理的杂物抱出来，往土包上推，但它自己并没露出地面。眼下，隧蜂只忙乎这种事。

5月带着鲜花和阳光来到了。4月里的挖土方的工人现在变成了采花工。我无论何时都能够看见它们待在开了天窗的小土包顶上，个个都浑身沾满黄花粉。个头儿最大的是斑纹蜂，我经常看见它们在我家花园小径上筑巢建窝。我们仔细地观察一下斑纹蜂。每当储存食物的活计干起来的时候，总会不知从何处突然来了这么一位吃白食者。它将让我们目睹强抢豪夺是怎么回事。

5月里，上午10点钟左右，当储备粮食的工作正干得欢时，我每天都要去察看一番我那人口稠密的昆虫小镇。我在太阳地里，坐在一把矮椅子上，弓着腰，双臂支膝，一动不动地观察着，直到吃午饭时为止。③引起我注意的是一个吃白食者，是一种叫不上名字的小飞虫，但却是隧蜂的凶狠的暴君。

❶总结说明
总结隧蜂的特征，与其他针管昆虫不同。

❷叙述
交代隧蜂从四月开始进行挖土工作。

✒ 读书笔记

❸叙述说明
用"暴君"来代指这种小飞虫，表现出作者对其的厌恶之情。

❶外貌描写
交代了歹徒的外部特点。

🖋读书笔记

❷对比
这句话交代了双方外部力量的悬殊。

这歹徒有名字没有？我想应该是有的，但我却并不太想浪费时间去查询这种对读者来说并没多大意义的事情。花时间去弄清枯燥的昆虫分类词典上的解说，倒不如把叙述的事实清楚明白地提供给读者为好。我只需简略描绘一下这个罪犯的体貌特征就可以了。❶它是一种身长五毫米的双翅目昆虫，眼睛暗红，面色白净，胸廓深灰，上有五行细小黑点，黑点上长着后倾的纤毛，腹部呈浅灰色，腹下苍白，爪子系黑色。

在我所观察的隧蜂中，它的数量很多。它常常蜷缩在一个地穴附近的阳光下静候着。一旦隧蜂收获归来，爪上沾满黄色花粉，它便冲上前去，尾随隧蜂，前后左右飞来转去，紧追不舍。最后，隧蜂突然钻入自家洞中，这双翅目食客也随即迅疾落在洞穴入口附近。它一动不动地，头冲着洞门，等待着隧蜂干完自己的活计。隧蜂终于又露面了，头和胸廓探出洞穴，在自家门前停留片刻。那吃白食者仍旧纹丝不动。

它们常常是面对面，间隔不到一指宽。双方都声色不动。隧蜂没有戒备伺机偷食的食客，至少，其外表之平静让人作如是想；而食客也丝毫没有担心自己的大胆行为会受到惩罚。❷面对一根指头就能把它压扁的巨人，这个侏儒却仍旧岿然不动。

我本想看到双方有哪一方表现出胆怯来，但却未能如愿，没有任何迹象表明隧蜂已知自己家里有遭到打劫之虞；而食客也没有流露出任何会遭到严厉惩处的担心。打劫者与受害者双方只是互相对视了片刻而已。

巨大的宽宏大量的隧蜂只要自己愿意，就可以用利爪把这个毁其家园的小强盗给开膛破肚了，可以用大颚压碎它，用螯针扎透它。但隧蜂压根儿就没这么干，却任由那个小强盗血红着眼睛盯住自己的宅门，一动不动地待在旁边。① 隧蜂表现出这种愚蠢的宽厚到底是为什么呢？

隧蜂飞走了。小飞蝇立刻飞进洞去，像进自己家门似的大大方方。现在，它可以随意地在储藏室里挑选了，因为所有的储藏室都是敞开着的；它还趁机建造了自己的产卵室。在隧蜂归来之前，没有谁会打扰它。让爪子沾满花粉，胃囊中饱含糖汁，是件颇费时间的活计，而私闯民宅者要干坏事也必须有充裕的时间。但罪犯的计时器非常精确，能准确地计算出隧蜂在外面的时间。② 当隧蜂从野外返回时，小飞蝇已经逃走了。它飞落在离洞穴不远的地方，待在一个有利位置，瞅准机会再次打劫。

万一小飞蝇正在打劫时，被隧蜂突然撞见，会怎么样呢？出不了大事的。我看见一些大胆的小飞蝇跟随隧蜂钻入洞内，并待上一段时间，而隧蜂则正在调制花粉和蜜糖。当隧蜂掺兑甜面团时，小飞蝇尚无法享用，于是它便飞出洞外，在门口等待着。③ 小飞蝇回到太阳地里，并无惧色，步履平稳，这就明显地表明它在隧蜂工作的洞穴深处并未遇到什么麻烦事。

如果小飞蝇太性急、太讨厌，围着糕点转个不停，后颈上准会挨上一巴掌，这是糕点主人会有的举动，但也就仅此而已。盗贼与被偷盗者之间没有严重的打斗。这一点，从侏儒步履平稳、安然无恙地从忙着干活儿的巨人洞穴出来的样子就可以看得出来。

当隧蜂满载而归或一无所获地回到自己家中时，总要迟疑片刻；它迅速地贴着地面前后左右地飞上一阵。它的这种胡乱飞行让我首先想到的是，它在试图以这种

❶设置悬念
强大的隧蜂面对敌人为何如此宽容平静呢？

❷行为描写
表现出小飞蝇的狡猾。

❸神态描写
说明小飞蝇的大胆，表现出它在洞中并无危险。这究竟是怎么一回事呢？

凌乱的轨迹迷惑歹徒。它这么做确实是必要的，但它似乎并没有那么高的智商。

❶举例说明
　　通过具体事例表明隧蜂的辨别能力和智力都极低。

　　①它所担心的并非敌人，而是寻找自家宅门时的困难，因为附近小土包一个又一个，相互重叠，昆虫小镇的街小巷窄，再加上每天都有新的杂物被清理出来，小镇面貌日日有变。它的犹豫不决明显可见，因为它经常摸错了门，闯到别人家中。一看到门口的细微差异，它立刻知道自己走错门了。

　　于是，它重又努力地开始弯来绕去地探查，有时突然飞得稍远一点。最后，终于摸到自家宅穴，它喜不自胜地钻了进去。但是，不管它钻得有多快，小飞蝇还是待在其宅门附近，脸冲着其门口，等待着隧蜂飞出来后好进去偷蜜。

❷行为描写
　　说明小飞蝇一点都不怕隧蜂，两者还相处得很好。

　　②当屋主又出了洞门时，小飞蝇则稍稍退后一点儿，正好留出让对方通过的地方，仅此而已。它干吗要多挪地方呀？二者相遇是如此的相安无事。所以，如果不知道一些其他情况的话，你是想不到这是窃贼与屋主间的狭路相逢。

　　小飞蝇对隧蜂的突然出现并没有惊慌失措，它只是稍加小心了点而已。同样，隧蜂也没在意这个打劫它的强盗，除非后者跟着它飞，纠缠于它。这时，隧蜂一个急转弯就飞远了。

❸解释说明
　　交代小飞蝇必须进入隧蜂洞穴的原因。

　　③吃白食者此刻也处于两难境地。隧蜂回来时甜汁在其嗉囊中，花粉沾在爪钳里，甜汁盗贼吃不着；花粉尚无定型，是粉末状的，也进不了口。再者，这一点点花粉也不够塞牙缝的。为了集腋成裘制成圆面包，隧蜂要多次外出去采集花粉。必需之材料采集齐备之后，隧蜂便用大颚尖掺和搅拌，再用爪子将和好的面团制成小

丸。如果小飞蝇把卵产在做小丸的材料上，经这么一番揉捏，那肯定是完蛋了。

所以，小飞蝇的卵将是产在做好的面包上面的；因为面包的制作是在地下完成的，吃白食者就必须进入隧蜂的洞宅之中。小飞蝇贼胆包天，果真钻下去了，即使隧蜂身在洞中也全然不顾。失主要么是胆小怕事，要么是愚蠢的宽容，竟然任窃贼自行其是。

小飞蝇悉心窥探、私闯民宅的目的并不是想损人利己、不劳而获，它自己就可以在花朵上找到吃的，而且并不费事，比这么去偷去抢要省劲得多。我在想，它跑到隧蜂洞中也就是想简单地品尝一下食物，知道一下食物的质量如何，仅此而已。^① 它的宏大的、唯一的要事就是建立自己的家庭。它窃取财富并非为了自己，而是为了自己的后代。

我们把花粉面包挖出来看看。我们将会发现这些花粉面包经常是被糟蹋成碎末状，白白地浪费了。散落在储藏室地板上的黄色粉末里，我们会看见有两三条尖嘴蛆虫蠕动着。那是双翅目昆虫的后代。有时与蛆虫在一起的还有真正的主人——隧蜂的幼虫，但却因吃不饱而孱弱不堪。^② 蛆虫尽管不虐待隧蜂幼虫，但却抢食了后者最好的食物。隧蜂幼虫可怜兮兮，食不果腹，身体每况愈下，很快便一命呜呼了。其尸体变成了微小颗粒，与剩下的食物混在一起，成了蛆虫的口中之物。

可隧蜂妈妈在孩子遭难之时在干什么呢？它随时都有空去看看自己的宝宝的，它只要探头进洞，便可清楚地知晓孩子们的惨状。圆面包糟蹋一地，蛆虫在钻来钻去，稍看一眼就完全清楚是怎么回事了。那它非把窃贼的子孙弄个肚破肠流不可！用大颚把它们咬碎，扔出洞

✒ 读书笔记

❶概括总结
这段话交代了小飞蝇的真正意图，解释它们做歹徒的缘由。

❷解释说明
这段话交代了隧蜂们的真正夺食者——蛆虫。

❶叙述

因为隧蜂的愚蠢导致了它的孩子丢了性命，让人感到痛惜。

❷行为描写

这段话表现了蛆虫的狡诈和小心谨慎。

❸解释说明

解释了蛆虫不喜欢待在小屋里的原因。

❹解释说明

解释了小飞蝇不得不搬家的原因。

外，简直是轻而易举的事。①可是，愚蠢的妈妈竟然没有想到这么做，反而任由鸠占鹊巢者逍遥法外。

随后，隧蜂妈妈干的事还要愚蠢。成蛹期来到之后，隧蜂妈妈竟然像封堵其他各室一样把被洗劫一空的储藏室用泥盖封堵严实。这最后的壁垒对于正在变形期的隧蜂幼虫来说是绝妙的防护措施。但是，当小飞蝇来过之后，你这么一堵，那可是荒唐透顶了。隧蜂妈妈对这种荒唐之举却毫不犹豫，这纯粹是本能使然，它竟然还把这个空房给贴上封条。②我之所以说是空房，是因为狡猾的蛆虫吃光了食物之后，立即抽身潜逃了，仿佛预见到日后的小飞蝇会遇到一道无法逾越的屏障似的。在隧蜂妈妈封门之前，它们就已经离开了储藏室。

吃白食者既卑鄙狡诈，又小心谨慎。所有的蛆虫都会放弃那些黏土小屋，因为这些小屋一旦被堵上，那它们就会葬身其间的。黏土小屋的内壁有波状防水涂层，以防返潮，小飞蝇的幼虫表皮很敏感娇嫩，似乎对这种小屋倍感舒适，是其理想的栖身之地。然而，蛆虫却并不喜欢。③它们担心一旦变成小飞蝇，就被困在其中。所以，便匆匆离去，分散在升降井附近。

我挖到的小飞蝇确实都在小屋外面，从未在小屋里面见到过它们。我发现它们一个一个都挤在黏土里的一个窄小的窝儿内，那是它们还是蛆虫时移居到此后营建的。来年春天，出土期来临时，成虫只需从碎土中挤出去就能到达地面了，这一点儿也不困难。

吃白食者的这种迫不得已的搬迁还有另一个原因，也是十分重要的原因。④7月里，隧蜂要第二次生育。而双翅目的小飞蝇则只生育一次，其后代此时尚处于蛹的状态，只等来年蜕变为成虫。采蜜的隧蜂妈妈又开始在家乡小镇忙着采蜜；它直接利用春天建筑的竖井和小屋，这可大大地节约了时间！精心构筑的竖井房舍全都完好如初，只需稍加修缮便可交付使用。

如果生来就喜欢干净的隧蜂在打扫屋子时发现一只蝇蛹，会怎么样呢？① 它会把这个碍事的玩意儿当作建筑废料似的给处理掉。它会把这玩意儿用大颚夹起，也许把它夹碎，搬到洞外，扔进废物堆中。蝇蛹被扔到洞外，任随风吹日晒，必死无疑。

② 我很钦佩蛆虫的明智的预见，不求一时之欢快，而谋未来的安然无恙。有两个危险在威胁着它：一是被堵在死牢中，即使变成飞蝇也无法飞出去；二是在隧蜂修缮宅子后清扫垃圾时把它一块儿扔到洞外，任随风吹雨打，抛尸野外。为了逃避这双重的灾难，在屋门封堵之前，在7月里隧蜂清扫洞宅之前，它便先行逃离险境。

我们现在来看一看吃白食者后来的情况。在整个6月里，当隧蜂休闲的时候，我对我那昆虫众多的昆虫小镇进行了全面的搜索，总共有五十来个洞穴。地下发生的惨案没有一件逃过我的眼睛。③ 我们一共四个人，用手把洞里挖出的土过筛，让土从手指缝中慢慢地筛下去。一个人检查完了，另一个人再重新检查一遍，然后第三个人、第四个人再进行两次复检。检查的结果令人心酸。我们竟然没有发现一只隧蜂的虫蛹，一只也没有。这隧蜂密集于此的街区，居民全部丧生，被双翅目昆虫取而代之。后者呈蛹状，多得无以计数。我把它们收集起来，以便观察其进化过程。

昆虫的生活季结束了，原先的蛆虫已经在蛹壳内缩

❶假设

这段话交代了蝇蛹面临的第二种危险，那么蛆虫会让这样的危险发生吗？

❷议论

"我"在某些方面对蛆虫进行了肯定，表现出"我"的客观。

❸行为描写

这段话表明白食者没有任何损失，突出了白食者的机智。

注释
修缮：修理（建筑物）。

小、变硬，而那些棕红色的圆筒却保持静止不动状态。它们是一些具有潜在生命力的种子。7月的似火骄阳无法把它们从沉睡中烤醒。① 在这个隧蜂第二代出生期的月份中，好像上帝颁发了一道休战圣谕：吃白食者，停工休整，隧蜂和平地劳作。如果敌对行动接二连三，夏天同春天时一样大开杀戒。那么，受害太深的隧蜂也许就要灭种了。第二代隧蜂有这么大一段休养生息期，生态的平衡也就得以保持了。

❶叙述说明

这样做是为了保持生态平衡，使得隧蜂不会灭绝。

4月里，当斑纹隧蜂在围墙内的小径上飞来飞去，寻找一个理想地点挖洞建巢时，吃白食者也在忙着化蛹成虫。啊！迫害者与受迫害者的历法是多么精确，多么令人难以置信呀！隧蜂开始建巢之时，小飞蝇也已准备就绪：它那以饥饿之法消灭对方的故技又重新开始了。

读书笔记

如果这只是一个孤立的情况，我们就不用去注意它了，多一只隧蜂少一只隧蜂对生态平衡并不重要。可是，不然！以各种各样的方式进行杀戮抢掠已经在芸芸众生中横行无度了。② 从最低等的生物到最高等的生物，凡是生产者都受到非生产者的盘剥。以其特殊地位本应超然于这些灾难之外的人类本身，却是这类弱肉强食残忍表现的最佳诠释者。

❷概括总结

昆虫的生存状态正是人类社会状态的反映。

❸升华主题

通过昆虫界的现象对人类社会进行剖析。

③ 人们每个星期日在村中小教堂里唱诵的那个崇高的梦想："荣耀归于至高无上的上帝，和平归于凡世人间的善良百姓！"我们将永远也看不到它会实现。如果战争关系的只是人类本身，那么未来也许还会为我们保存和平，因为那些慷慨大度的人在致力于和平。但是，这灾祸在动物界也极其肆虐，而动物是冥顽不化的，是永远不会讲道理的。既然这种灾祸是普遍现象，那也许就是无法治愈的绝症了。

精华赏析

　　文章开门见山引出本章的主人公——隧蜂，通过对它的外部特征和生活习性进行描写，让我们看到了隧蜂的愚蠢，同时也反映出了人类社会的一面，让人思考。

延伸思考

1.谁是白食者？
2.白食者是如何偷蜜的？

相关链接

　　本章主要讲述了小飞蝇蒙骗隧蜂，趁其不备到隧蜂的巢中抢占食物，并且产卵用隧蜂的食物来喂养自己的幼虫，但愚蠢的隧蜂对此毫不知情，表达了作者对此的愤恨和无奈之情。

无私的米诺多蒂菲

名师导读

米诺多蒂菲是一种居住在地底下的昆虫，它们对待配偶忠贞不渝，对待孩子无私奉献。

❶解释说明

介绍了这个昆虫的两个名字的来源，为其增添一丝神秘色彩。

❷举例说明

说明蒂菲对西西里岛的影响很大。

为了给本章要介绍的这个昆虫命名，专业分类学家采用了两个吓人的名字：①一个是米诺多，就是弥诺斯的那头在克里特岛地下迷宫中以人肉为食的公牛的名字；另一个是蒂菲，即巨人族中的一位，系大地之子，试图登天的那位的名字。凭借弥诺斯之女阿里阿德涅给的一团线，阿德尼安·忒修斯捉住了米诺多，将它杀死，安然无恙地走出地下迷宫，从而使得自己祖国的百姓永远摆脱了被这半人半兽的怪物吞食的厄运。蒂菲则在自己垒起的高山之巅遭到雷劈，跌进埃特拉火山口里。

他依然在火山口中。他的气息化作了火山的烟雾。②他如果一咳嗽，便会引起火山喷发出岩浆来；他如果想换个肩膀扛着，让另一个肩膀歇上一歇，便会让西西里岛不得安宁：他会引发西西里岛的地震。

在昆虫的故事里找到一种对这类古老神话的回忆倒并不让人觉得扫兴。这些神话人物的名字听起来既响亮又悦耳，它们并不会引起与真情实况的矛盾，而那些按照构词法硬造出来的名称反而总会名实不符的。如果用一些朦胧近似的名字把神话与历史联系起来，这种名字才是最符合人意的。米诺多蒂菲就是这种情况。

因此，人们称一种体形较大、与地下打洞的昆虫血缘极其相近的黑色鞘翅目昆虫为米诺多蒂菲。① 它是一种平和无害的昆虫，但它的角可比弥诺斯的公牛要厉害。在我们的那些披着甲胄的昆虫中，谁都没有它的武器那么咄咄逼人的。雄性米诺多蒂菲胸前有三根一束的平行前伸的锋利长矛。假如它体大如公牛的话，即使忒修斯本人在野外遇上了它，也不敢迎战它那支可怕的三叉戟。

❶对比、假设······
运用假设与对比突出了米诺多蒂菲的角和长矛的厉害。

② 寓言中的蒂菲野心勃勃，想通过把连根拔起的群山垒成一根立柱，去洗劫诸神的仙境。博物学家们的蒂菲则不会登天，只会下地，能把地钻得很深很深。蒂菲用肩膀一扛，把一个省弄得震颤起来；我们的昆虫蒂菲则用脊背去拱，把泥土拱松动，让小土堆震颤不已。如同被埋在火山中的蒂菲一动，埃特拉火山就轰隆作响似的。

❷对比······
运用对比介绍米诺多蒂菲的特征。

我们将要描述的就是这种昆虫。

但是，讲这个故事有什么用处呢？这么深入细致地去研究又有什么意义呢？我知道，这种研究不会让一粒胡椒身价百倍，不会让一堆烂白菜成为无价之宝，也不会造成装备一支舰队、让决心拼个你死我活的人们相互对峙那样的一些严重后果。我们的这种昆虫并不期盼这么多的荣耀。③ 它只是通过自己那些千变万化的表现来展示自己的生活，它能够帮助我们多少弄懂一点儿所有书中最晦涩的那本书——我们人类自身的书。

❸解释说明······
这段话交代了"我"讲这个故事的原因。

这种昆虫，很容易弄到，饲养也不费钱，观察起来也挺有意思的。所以，它比其他的那些高级动物更能满足我们的好奇心。再说，与我们成为近邻的那些高级动物，研究起来很单调乏味。而它则不然，它的本能、习性和身体构造都颇具特点，是我们闻所未闻的。所以，它能向我们揭示一个新的世界，仿佛我们是在与另一个星球的生物举行研讨会。这就是我高度评价这种昆虫并坚持不懈地与之建立联系的原因之所在。

❶叙述说明
　　讲述米诺多蒂菲喜欢露天沙地的原因。

　　①米诺多蒂菲喜爱露天沙土地，因为羊群去牧场必经那里，一路上总要不停地拉下羊粪蛋的。那是它日常的美食。如果没有羊粪蛋，它也能退而求其次，找点很容易收集的兔子的细小粪便来凑合。一般来说，兔子总是躲到百里香丛中去拉屎撒尿，因为它十分胆小，怕暴露目标、受到袭击。

　　大约在3月的头几天，就可以碰见米诺多蒂菲夫妇在齐心协力地潜心修窝筑巢。此前一直分居于各自的浅洞穴中的雌雄米诺多蒂菲，现在开始要共同生活较长的一段时间。

❷疑问
　　两个疑问句设置了悬念，引发读者兴趣。

　　②夫妻双方在那么多的同类中间还能相互认出对方来吗？它俩之间存在着海誓山盟吗？如果说婚姻破裂的机会十分罕见的话，那么对于雌性来说甚至这种破裂的机会根本就不存在，因为做母亲的很久以来就不再离开其住处了。相反，对做父亲的来说，婚姻破裂的机会却很多，因为其职责所在，必须经常外出。如同我们马上就会看到的那样，雄性一辈子都得为储备粮食奔忙，是天生的垃圾搬运工。③白天，它独自一人按时把妻子洞中挖出来的土运走；夜晚，它又独自在自家宅子周围搜寻，寻找为自己的孩子们做大面包的小粪球。

❸概述
　　交代雄性米诺多蒂菲的职责，它们经常在外面忙碌。

　　有时候，各家住宅比邻而建。收集粮食的丈夫归来时会不会摸错了门，闯进他人家中去呢？在它外出寻食时，会不会在路上碰见一位待在闺中的散步女子，于是便忘了前妻的恩爱，准备离婚呢？这个问题值得研究。我已尽力在用下面这个方法解决这一问题了。

①有两对夫妇正在挖土建巢时被我挖了出来。我用针尖在它们鞘翅下部边缘做了无法抹去的记号，所以我能把它们区分开来。我随手把这四位分别放在一块有两拃深的沙土场地上。这样的土质一夜工夫就能挖出一口井来。在它们急需粮食的情况下，我就给它们弄一把羊粪放进去。我用一只瓦钵翻扣在场地上，既可防止它们逃逸又可遮阳，让它们安安静静地去沉思默想。

第二天，非常满意的答案出来了。场地上只有两个洞穴，两对夫妇如原先一样重新相聚在一起，都各自找到了自己的结发妻子。次日，我又做了第二次实验，然后又做了第三次实验，结果都一样：用针尖做了记号的一对在一个洞中，没做记号的另一对则在通道尽头的另一个洞穴里。

②我又重复做了五次实验，它们每天都得重新开始组建家庭。现在，事情变糟了。③有时，接受试验的四只中每只各居一屋；有时，在同一个洞穴中住着两只雄性，或者两只雌性；有时，一只雌性接待另一只雌性或雄性，但组合方式与一开始完全不同。我过分地重复实验了，这以后就乱了套。我每天这么折腾都把这些挖掘工弄烦了。一个摇摇欲坠的宅子老是在重建，终于把合法夫妻给拆散了。既然房屋每天倒塌，正常的夫妻生活也就过不下去了。

不过，这并无多大关系，反正一开始的那三次实验已足以证明，尽管那两对夫妇一次一次地受到惊吓，但似乎并没有破坏它们夫妇关系那微妙的纽带，夫妇关系仍有着一定的抗拒力。夫妇双方在我精心制造的一系列混乱之中仍旧能够认出对方来。④它们相互间信守着山

❶细节描写

"我"做了充分准备的实验来检查它们对彼此是否忠诚，所以结果肯定可靠。

❷概括描写

多次地重复做实验，表现了作者的严谨态度。

❸叙述

多次实验之后，结果变得混乱，但这并不代表它们不忠。

❹概括总结

米诺多蒂菲夫妻双方对彼此都很忠诚。

盟海誓，这在朝三暮四的昆虫界确实是一种难能可贵的高尚品质。

我们人类是根据话语、音色、音调相互识别的，而它们则是哑巴，没有任何方法呼唤，剩下的只能是嗅觉了。[1]米诺多蒂菲寻找自己的妻子的情况让我想起了我家的爱犬汤姆。汤姆在发情期间，鼻子朝上，嗅闻由风送来的空气，然后跳过围墙，急忙奔向远方传来的具有魔力的召唤。我由此还想起了大孔雀蝶，它们从好几公里以外飞来向刚出茧的正值婚嫁期的雌蝶表示敬意。

[2]但是，这种对比尚有许多不尽如人意之处。大孔雀蝶在受到妙龄雌蝶召唤时尚不认识这位美人儿。而对长途跋涉前去朝圣一窍不通的米诺多蒂菲则完全相反，它稍微转上一圈便径直奔向它已经常与之接触的"女人"了；它通过对方身体中散发出的与别人不同的气味，通过某种除了它这个情郎而外人闻不出来的某些独特气味把它的女人辨别出来了。

这些带有气味的散发物是由什么成分构成的呢？米诺多蒂菲尚未告诉我。这很遗憾，它本会告诉一些有关其嗅觉之神功的有趣的故事的。

那么，这对夫妻在家中是怎么分工的呢？[3]要想知道这一点儿，那可不是一件容易的事，不是用小刀尖挑出来看看就行了的事。谁要是想参观在洞中挖掘的这种昆虫的话，就得动用镐头，那可是很累的活儿。这种昆虫的宅子可不像圣甲虫、螳螂和其他一些昆虫的屋子，用小铲子轻轻一铲，毫不费力地就挖开了；米诺多蒂菲住在一口深井中，只有用一把结实的铁铲，连续挖上好几个小时才能挖到底。只要太阳稍许毒一点，干完这个活儿，你一定会累趴下的。

[4]唉！我年岁大了，可怜的关节都生锈了！明知地

❶举例说明

昆虫和其他动物的世界中有很多都是通过气味来识别对方的。

❷对比

通过对比，突出米诺多蒂菲与动物之间通过嗅觉识别对方的不同之处。

❸侧面描写

侧面表现了昆虫研究家们的辛苦，有时为了研究，不得不吃很大的苦。

❹抒发感情

表达了自己对问题的重视，但又心有余而力不足的遗憾。

下有个有趣的问题想探究一番，可就是力不从心，挖不动了！但是，我热情未减，仍旧如当年挖掘条蜂喜爱的海绵性山坡时一样，热情似火。我对研究工作的喜爱并未减退，不过力气上差些。幸好，我有一个帮手。他就是我的儿子保尔，他身轻体健，臂膀有力，帮了我的大忙。我动脑，他动手。

　　家中的其他人，包括孩子们的妈妈，都非常积极，平常总帮我们一把。坑越挖越深，必须隔着老远仔细观察铲子挖上来的那些东西，查找点滴资料。这时候，人多眼睛就亮，一个人没看见的，另一个人就瞅见。双目失明的于贝尔依靠一个目光敏锐的忠实仆人对蜜蜂进行研究。我比这位伟大的瑞士博物学家的条件可强得多了。① 我的眼睛虽然已经老花，但视力还是挺好的，何况我的家人的眼睛都很好，他们都在帮助我。如果说我还在继续进行研究的话，他们是功不可没的，我非常感激他们。

　　一大清早，我们就到了现场。我们找到了一个洞穴，还有一个挺大的土堆。土堆呈圆柱形，是一下子推上来的一整块土。挪开土块，便现出一口很深很深的井。我用途中捡拾的一根很长很直的灯芯草秆儿试探着往井下伸去，越伸越深。② 最后，在一米五十左右的深处，那根灯芯草秆儿就不再往下去了。我们探到了，我们探到米诺多蒂菲的卧房了。

　　我们用小铲子小心翼翼地剥落卧房外面的土，于是便看到了屋里的主人，先挖出来的是雄性米诺多蒂菲；再稍许往下挖一点儿，就挖到了雌性米诺多蒂菲了。夫妻俩被取出来之后，露出一个颜色很深的圆点：那是粮食柱的末端。现在，小心又小心、轻轻地挖。我们沿着洞底边缘把中间的那块土与其周围的土切割开来，然后

📝 读书笔记

❶ 叙述
　　说明"我"的行为得到了家人的支持，表现出了家人对"我"的关爱。

❷ 说明
　　这句话突出了米诺多蒂菲的家之深。

❶叙述

说明米诺多蒂菲的家很深，花费了"我们"许多精力。

用小铲子兜底儿把那块土整个儿地铲起来，既要小心谨慎，又得干净利落。铲起来了！我们弄到了米诺多蒂菲夫妇及其卧房了。① 我们挖了一个上午，累得精疲力竭，总算弄到了这笔财富。保尔背上直冒热气，可见他花了多大的力气。

一米五十这个深度不是也不可能是一成不变的，许多因素都会使深度改变，比如昆虫钻过的地方的湿度和土质如何啦，根据或多或少地接近产卵期、昆虫干活的热情的大小和时间是否充裕啦。我看见过有一些洞穴还要稍许深一些，我也见到过另有一些洞穴还没达到一米深。不管是什么情况，为了生儿育女，米诺多蒂菲都必须有一个很深很深的住所。而据我所知，没有任何一种昆虫挖掘工挖过这么深的洞穴。我们马上就会寻思是什么样的迫切需要在逼使羊粪蛋的收集者居住在那么深的地方的。

❷动作描写

"我们"的行为惊扰了米诺多蒂菲。

在离开现场之前，我们先记下一个事实，确证这一事实以后会很有价值的。② 雌性米诺多蒂菲是住在洞穴底部的，而其丈夫则待在其上方不远处，它俩都被吓得一动也不敢动，现在尚无法确知它俩在干什么。

这一细节在我翻挖的各个洞穴中都一再地被发现，这似乎说明这对伙伴各自有一个固定的位置。

更擅长养儿育女的米诺多蒂菲妈妈住在下层。它独自在挖掘，因为它精通垂直挖掘的技术，这种挖法事半功倍，可以挖得很深。它是个能工巧匠，始终不停对着坑道工作面挖掘着。它的丈夫只是一名小工，待在它的身后，用它的角背篓随时清理浮土。

❸拟人、说明

雄雌米诺多蒂菲各司其职，互相配合，生活和谐美好。

③ 这之后，能工巧匠变成了女面包师，把为孩子们准备的糕点揉制成圆柱形；而米诺多蒂菲爸爸则为它打下手，为妈妈从外面运进来面食原料。如同在所有的和

睦家庭中一样，女主内男主外。这可能就是为什么在管形宅子中它俩所居的住处始终不变的缘故。将来，我们将会知晓这种猜测是否与事实相符。

现在，让我们在家里从容地、舒服地观察我们好不容易挖掘出来的洞穴中间的那整块土。① 这块土中有一个呈香肠状的食品罐头，长短粗细几乎如拇指一般。里面装着的食品颜色很深，压得很瓷实，分好多层，可以辨别出其中有已压碎了的羊粪蛋。有时候，面包揉得很细，从头到尾全都十分均匀；更多的时候，这圆柱形面团像一种牛皮糖，里面有一些疙疙瘩瘩的东西。根据女面包师的忙闲情况，它所揉制的面包看上去千差万别，有时间就做得讲究，没时间则敷衍了事。

② 食品罐头紧紧地嵌在洞穴的那个死胡同里，那儿的墙壁比井里其他地方的更光滑、更平整。用小刀尖轻易地就可把它与周围的土层剥离开来，就像剥树皮似的。我就这样弄到了这个不沾一点儿泥土的食品罐头。

这项工作已做完，我们现在来了解一下卵的情况，因为这只罐头肯定是为幼虫准备的。由于我从前了解到粪金龟就是把自己的卵产在"香肠"底部食物中间的一个特别的窝窝儿里的，所以，我期待着在"香肠"底部的一个密室里找到粪金龟的近亲米诺多蒂菲的卵。我判断错了。我要找的卵并不在我所猜想的地方，也不在"香肠"的上部，反正食品罐头里哪儿都没有。

我又在食品罐头外面寻找，终于找到了。③ 卵就在罐头食品柱下面的沙土里，完全没有妈妈们精心安排的保护。那儿没有一间新生儿细嫩肌肤所要求的墙壁光滑的小房间，而只有一个并非精心建造而是妈妈胡乱扒拉起来的粗糙的废墟堆。幼虫将在这个与食物有一段距离的硬床上孵化。为了吃到食物，幼虫必须扒拉沙土，穿

❶物体描写

详细地介绍了这块土里有什么东西。

❷细节描写

从侧面反映了米诺多蒂菲的聪明、爱整洁。

❸叙述说明

介绍卵所在的位置，幼虫想要吃到食物，还要经受一点小小的考验。

过这个有几毫米厚的沙土天花板。

我既已挖出了那连带着食品罐头的整块土，又有我自制的器具，我就可以观察这段香肠是如何制成的了。

米诺多蒂菲爸爸爬出洞外，选好一个粪球，其长度大于井口直径。它把粪球往井口挪去，要么倒退着用前爪拖拽，要么用头盔轻轻顶着一下一下地往前推。推到井口边时，①它是不是猛一使劲、一下子把粪球推进洞里去呢？绝对不是，它有自己的计划，不让粪球重重地摔落下去。

它爬进井口，前足搂紧粪球，小心地把一头塞进井内。到了离井底一定距离的地方，它只需把粪球稍微倾斜一点，粪球就可以两头顶着井壁，因为其轴心很宽。这样就构成了一块临时的楼板，可以承重两三个粪球。这就是米诺多蒂菲爸爸的加工车间，它可以在此干活儿而又不影响在下面工作着的自己的妻子。这是一座磨坊，制作面包的粗面粉就要在这儿进行加工。

②这个磨坊工爸爸装备精良。你瞧它的那支三叉戟，十分坚挺的前胸上戳着一束三根的锋利长矛，两边的两根长，而中间的那根短，三根的矛头全都直指前方。这件兵器有何用途呢？我起先以为只不过是雄性的一件饰物，如同粪金龟族中其他许多族类都佩戴着的一样，只是形状各异而已。可米诺多蒂菲的这个可不是饰物，而是它的一件劳动工具。

③那三根矛尖并不取齐，而是形成了一个凹弧，里面可以装载一个粪球。在那块没铺得太好、摇来晃去的楼板上，米诺多蒂菲爸爸得用四只后爪支撑着井壁才能保持平衡。那它将如何把那个滑动的粪球固定住，并把

❶设问

设问表现米诺多蒂菲的聪明，考虑周到。

❷解释说明

这段话交代了米诺多蒂菲三根长矛的形状。

❸物体描写

交代三根长矛的样子，并介绍了它的作用。

注释

倾斜：歪斜。

它压碎呢？我们来看看它是怎么干的吧。

　　它稍稍弯下身子，把三叉戟插入粪球。①这样一来，粪球便卡在新月形的工具中固定不动了。米诺多蒂菲爸爸的前爪是空着的，因此它便可以用其前臂上的锯齿状臂铠去锯粪球，把它切成一小块一小块的，从楼板缝隙处掉下去，落在米诺多蒂菲妈妈的身旁。

　　从磨坊工那儿掉下去的是粗粉，没有过过筛子，里面还掺杂着没太磨细的碎块。尽管这面粉磨得不细，但仍给正在精心制作面包的女面包师帮了大忙，使它得以简化工序，一下子就可以把好粉次粉分离开来。②当楼上的粪球，包括楼板全被磨碎之后，有角的磨坊工匠便回到了地面，寻找新的粪料，然后再从容不迫地重新开始研磨。

　　③作坊中的女面包师也没有闲着。它把自己身旁纷纷散落的面粉捡拾起来，进一步碾细，进行精加工，再进行分类，软一些的用作面包心，硬一些的用作面包皮。它转过来绕过去的，用自己那扁平的胳膊轻轻地拍打着原料；然后，它把原料一层层地摊开，再用脚踩瓷实，宛如葡萄酒酿制工在榨葡萄汁一般。踩瓷实之后的大面饼便于储存。经过将近十天的共同努力，夫妇二人终于成功制作了长圆柱形的大面包。丈夫供应面粉，妻子揉制加工。

　　现在，应该概括一下米诺多蒂菲的种种品德了。当严冬过去之后，雄性米诺多蒂菲便开始寻觅配偶，找到之后便与之安居地下。从此，它便对自己的妻子忠贞不渝，尽管它要经常外出，而且也会碰上可能让它移情别恋的女性，但它始终不忘发妻。它以一种没有什么可以使之减退的热情帮助自己的妻子——那位在孩子们独立之前绝不出门的挖掘女工。④整整一个多月，它用它

❶细节描写
　　交代了雄性米诺多蒂菲详细的工作步骤。

❷叙述
　　磨坊工爸爸就是这样工作的，周而复始。

❸细节描写
　　从这段我们可以了解雌米诺多蒂菲制作面包的过程。

❹叙述说明
　　体现米诺多蒂菲对工作任劳任怨，爱护妻子。

读书笔记

那叉口背篓把挖出的土运往洞外，始终任劳任怨，永不被那艰难的攀登所吓倒。它把轻松的耙土工作留给妻子做，自己则干着最重最累的活儿，把土从一条狭窄、高深、垂直的坑道往上推出洞外。

随后，这位运土小工又变成了粮食寻觅者，到处去收集粮食，为孩子们准备吃的东西。为了减轻妻子剥皮、分拣、装料的工作，它又当上了磨面工。在离洞底一定的距离处，它研碎被太阳晒干晒硬了的粮食并加工成粗粉、细粉，面粉不停地纷纷散落在女面包师的面包房内。

❶概括总结

雄性米诺多蒂菲为家人耗尽一生。

① 最后，它精疲力竭地离开了家，在洞外露天地里凄然地死去。它英勇不屈地尽了自己作为父亲的职责，它为了自己的家人过得幸福而做出了无私的奉献。

而米诺多蒂菲妈妈也一心扑在这个家上，从未出过大门。古人把这种贞洁女子称之为 domi mansit。它把一个个面团揉成圆柱形，把一只只卵分别产于一个个面团里，从此便守护着自己这些宝贝，直到孩子们长大，能独立离去为止。当金风送爽时节到来时，模范妈妈终于又回到地面上来，孩子们簇拥着它。孩子们自由自在地四散而去，到羊群常去吃草的地方去捡拾粪球，大快朵颐。这时候，一心为了孩子们的慈母已无事可做，便溘然长逝。

❷对比

通过对比来表现了雄性米诺多蒂菲的伟大和无私。

② 是的，在父亲们对自己的孩子那普遍的漠不关心中间，米诺多蒂菲是个例外，它对自己的孩子们倾注了全部的心血。它总是想到自己的家人，从未想到自己。它原可尽享美好的时光，原可与同伴们一起欢宴，原可与女邻居们调情嬉耍，但它却并未这样，而是埋头于地下的劳作，拼死拼活地为自己的家人留下一份产业。当它足僵爪硬、奄奄一息时，它可以无愧地告慰自己："我尽了做父亲的职责，我为家人尽力了。"

精华赏析

本章作者对米诺多蒂菲进行了详细的描写，让我们看到了这种昆虫的无私和伟大。它们任劳任怨，为家庭付出所有，这种精神真让人感动。

延伸思考

1. 在家庭中，雄性和雌性米诺多蒂菲的分工是怎样的？
2. 雄性米诺多蒂菲是怎样的爸爸？

相关链接

本章主要讲述了米诺多蒂菲的故事。开头用神话传说来介绍米诺多蒂菲的名字的由来，把一种小小的昆虫与神话中的著名人物联系起来，为这种昆虫添上一种神秘感，引起读者的阅读兴趣。随后又用各种不同的蒂菲与这种昆虫相比较，表现出作者对这种昆虫的赞赏。作者通过实验了解了米诺多蒂菲夫妻之间忠贞不渝的特性，并且进行了现场挖掘来了解米诺多蒂菲的生活状态，发现米诺多蒂菲在生活中是夫妻分工合作的。丈夫在井的上端负责收集粪球、运送挖掘出的土块，妻子在井的底端负责产卵和揉制食物，夫妻为家庭共同努力，这种一心为家庭的无私奉献的精神，表现出作者对米诺多蒂菲的赞美。

守时的松树鳃角金龟

名师导读

松树鳃角金龟的正式名称为"缩绒鳃角金龟"，但"我"却认为这个名字并不贴切……

在开始描述松树鳃角金龟时，我是存心在发表异端邪说。这种昆虫的正式名称为"缩绒鳃角金龟"。我很清楚，关于术语分类法不必过于挑剔。①你随便发出一种声音，再给它续上个拉丁文词尾，你就有了一个与昆虫学家标本盒上贴着的许多标签读音相近的词。如果这个粗俗的术语指的是所标示的那种昆虫而非别的东西，那么，这个词听起来不悦耳倒还罢了。但是，通常这个从希腊文或其他文种词根翻查出来的词都具有一些词义，初出茅庐者总希望从这里面找到一点儿启迪。

②这样他就遭殃了。那个学术味的词告诉他的是一些不得要领且无甚意义的意思。所以，他常常是被弄得糊里糊涂，把他引向一些与我们的观察所提供给我们的真实情况没什么关联的现象。这有时会造成极其明显的错误，有时会给你一些荒诞不经的暗喻。只要是名称叫着好听，找一些词源学无法分析的词语岂不很好！

❶叙述说明
说明昆虫的名字取得比较随便，没有根据。

❷总结、说明
这段话告诉我们有些术语名称跟事物本身毫无联系。

如果说有些词不会让人立即想到其本义的话，那么
"fullo"（缩绒）一词就属于此列。这个拉丁文词语意为
"foulon"（缩绒工），亦即把呢绒浸湿，使之变得柔软，
并对它进行加工处理的人。① 本篇所述之鳃角金龟与缩
绒工在什么方面有些关系呢？我绞尽脑汁也百思不得其
解，找不到一个可以接受的答案。

老博物学家普林尼在其著作中用 fullo 给一种昆虫
命了名。在一篇文章中，这位大博物学家谈到了一些治
疗黄疸、发烧、水肿的药物。在他的古方中，几乎应有
尽有：黑狗的大长牙，粉红色布包着的鼠嘴，从活绿蜥
蜴身上取下来放在羊皮袋里的蜥蜴右眼，用左手掏出
的一条蛇的心脏，用黑布包好的带着毒螫针的 4 条蝎尾
（两天中不让病人看到此药以及制作此药的人）；此外，
还有不少怪诞的玩意儿。我吓得连忙把这本书合上，为
这种治疗方法之愚昧无知而骇然。

② 在这些假借医学为幌子的荒谬药方中就有缩绒。
书中写道，将缩绒金龟子一分为二，一半贴于右臂，另
一半贴在左臂。

那么，这位古博物学家所说的缩绒金龟子是什么
呢？我并不很清楚。在描述这种东西时还说身上带有白
点，这与松树鳃角金龟的特征相符，后者也带有白点，
但这并不足以说明这就是松树鳃角金龟。③ 普林尼自己
似乎也没有十分确定其最好的这种药物究竟是何物。在
他那个时代，肉眼还不会观察这种昆虫，因为它太小，
只是孩子们的玩物。他们用一根长线拴住它，抡圆了甩
着玩，有教养的大人对它是不屑一顾的。

④ 这个专有名词看起来像是出自农村的没有知识又
爱瞎起名字的观察者。老博物学家接受了也许出自孩子

❶设问

这段话表明
鳃角金龟和缩绒
毫无关系，暗示
了"我"给它改
名的原因。

❷叙述

表现出这种
做法的荒唐。引
出下文的提问。

❸概括总结

这段话表现
了普林尼药方的
荒诞、极不可靠。

❹解释说明

交代了名字
形成的原因。

39

们想象出来的这个乡野叫法，而且也未多加考证，差不离儿就这么用上了。这个词古色古香，出现在我们面前，现代博物学家们接受了它。这就是我们最漂亮的昆虫之一成为缩绒工的由来。许多世纪以来就这么沿用了这个怪异的称谓。

尽管我对古老语言非常尊敬，但我还是不喜欢这么一个术语，因为它用在这儿是毫无道理的。常理应该战胜分类目录中的谬误。① 为什么不称它为松树鳃角金龟，以纪念那种它所喜欢的树？那是它空中生活的那两三个星期的天堂呀！其实，这是很简单的事，是顺理成章的事。

在找到光明普照的真理之前，必须在荒谬的黑夜之中久久地徘徊。我们所有的科学都证明着这一点，甚至数字科学。你试试把一组数字用罗马数字相加，你肯定会被那些复杂的符号搞得晕头转向而放弃，而且你将会承认零的发明在计算上是多么大的革命。这就是哥伦布的那只蛋，实际上不算是一回事，但却必须想到它。

② 在将来会把不合时宜的"缩绒工"这个词抛弃之前，我们先把它叫作松树鳃角金龟吧。用这个名称谁也不会搞错，因为我们的这个昆虫只光顾松树。

它仪表堂堂，可与葡萄根蛀犀金龟媲美。它的服装如果说没有金步甲、吉丁、金匠花金龟的金属外衣那么豪华的话，那至少也是罕见的高雅。在一种黑色或栗色的底色上散布着一层厚厚的散花白绒点，既朴素又大方。

作为头饰，雄性松树鳃角金龟在短须尖上有 7 片重叠的大叶片，根据其情绪的变化或呈扇形张开，或闭合起来。人们一开始可能会把这漂亮的簇叶当作一个高灵敏度的感官，可以嗅到极微弱的气味，可以感知几乎听

❶疑问
表明叫它为"松树鳃角金龟"比较合适。

❷叙述说明
说明"我"叫它"松树鳃角金龟"的原因。

读书笔记

不见的声波，可以获知我们的感官都感觉不到的其他一些信息。雌性松树鳃角金龟却不如雄性的感官灵敏，它作为母亲的职责要求它也必须像做父亲的一样要感觉灵敏，然而它的触须头饰很小，由 6 片小叶片组成。

① 雄性松树鳃角金龟那呈扇形张开的大头饰有什么用处？对于松树鳃角金龟来说，那个七叶器官犹如大孔雀蝶颤动的长触角，犹如牛蜣螂额上的全副甲胄，犹如鹿角锹甲大颚上的枝杈。到了寻偶求欢之时，它们全会以各自的方式挑逗异性，以求一逞。

漂亮的鳃角金龟夏至将近时出现，与第一批蝉出现的时间差不多。由于它出现的时间很准确，所以在昆虫历中都标明了，而昆虫历并不比四季年历的精确性差。最长的白昼来到，天总不见黑，麦子一片金黄。这时，鳃角金龟总会准时爬到自己的树上去。② 村里的孩童为纪念太阳节，都要在村子里的街道上点起圣诞节篝火，但这个节日都没有鳃角金龟出现的日子更加准确。

在这一期间，每天日暮黄昏时分，如果天气晴和，鳃角金龟就会来到院子里的松树上。我仔细地观察着它们的一举一动。尤其是雄性鳃角金龟，在默默地不乏激情地使劲儿，飞来转去，把自己那触须头饰张得大大的；它们向着在等着它们的雌性鳃角金龟的树杈飞去；它们飞过来飞过去，在最后一线光亮逐渐消失的苍茫天空中画出一道道黑线。它们歇了一会儿，又飞起来，重新开始繁忙的巡视。③ 在这半个月左右的狂欢之夜，它们在树上都干些什么呢？

事情是明摆着的：它们在向美人儿们示爱，不断地献媚致意，直至夜色浓重。翌日清晨，雄的和雌的通常都占据着那些矮枝。它们单独地待在那儿，一动不动，

❶类比
　运用类比的手法来说明这个大头饰的作用，用来吸引配偶。

❷对比
　通过对比的手法来说明鳃角金龟出现的时间很准确。

❸承上启下
　设问设置了悬念，起到了承上启下的作用。

对自己周围的一切无动于衷。用手去捉，它们也不逃走。大多数都在用后爪吊住身子，蚕食一根松针，它们咬着松针在悠悠地打盹儿。黄昏又来临时，它们又开始嬉戏调情。

想看它们如何在树的高处嬉戏不太可能。我们就试着把它们捉来观察吧。早晨，我捉了四对，放进一个放着一根松枝的大笼子里。我看到的情景并未符合我的期望，原因是它们失去了飞翔的自由。顶多是不时地可以看到一只雄性鳃角金龟向它所爱的雌性靠近；^①它展开自己的触角叶片，轻轻地抖动它们，也许是在探询对方是否接受它；它把自己打扮成美男子，炫耀着自己那了不起的触角。但它未能遂愿，对方一动不动，仿佛对它的展示无动于衷。囚禁生活使之忧伤悲痛，难以克制。我未能继续观察下去。交尾似乎应该是在深夜进行的，因此我错过了大好时机。

有一点儿使我尤为感兴趣。雄性鳃角金龟能够发出乐声，雌性亦然。^②雄性是否在用这种乐声作为逗引和召唤雌性的手段？雌性听到求爱者的乐声是否也用一种类似的乐曲回答对方呢？正常条件下，在树冠中发生这种情况是极有可能的。但我无法肯定这一点，因为无论是在松树上还是在笼子里，我都没听见过类似的乐声。

这声音是从其腹部尖端发出的，腹尖轻轻地轮番抬起落下，尾部环节就会摩擦正保持静止状态的鞘翅后边缘。在摩擦面和被摩擦面都没有什么特殊的发音器。我用放大镜反复地观察来观察去，也没有发现有专门用来发声的细微条纹。两个面都是光滑的。^③那么，声音是如何发出来的呢？

📝 读书笔记

❶ 情景描写
真实地描述了雄性鳃角金龟在笼子里向雌性求爱的场景。

❷ 设置悬念
鳃角金龟发出乐声的目的到底是什么呢？

❸ 疑问
提出疑问，引出下文。

我们用湿手指在一片玻璃上或在一块窗玻璃上划过，就可以听见一种挺响的声音，与鳃角金龟所发出的声音有些相像。如果用一块橡皮在玻璃上摩擦，效果更佳，发出的声音更像鳃角金龟所发出的声音。如果注意音乐节拍，准能以假乱真，因为模仿得太像了。

①鳃角金龟运动其腹部柔软部分时，就如同手指头上的肉质部分或那块橡皮，而玻璃片或窗玻璃就如同光滑的鞘翅，它极薄又很硬，而且极易震颤。因此，鳃角金龟的发声方法是非常简单的。如果想让它发出声音，只需用手指捏住它，并稍稍触动它一下即可。但它这并不是在歌唱，而是发出一种哀诉，是对自己不幸的命运的抗争。在它那奇特的世界中，歌声是表达痛苦，而沉默则是表示欢乐。

❶解释说明

形象地解释了鳃角金龟是如何发出声音的。

精华赏析

作者通过自己的观点来证明缩绒鳃角金龟这个名字与这种昆虫并不相符，表现出普林尼药方的荒唐。文章用对比、设问等多种手法对松树鳃角金龟进行介绍，让读者对其有了更详尽的了解。

延伸思考

1. "我"为何叫缩绒鳃角金龟为"松树鳃角金龟"？

2. 雄性松树鳃角金龟的大头饰有什么用处？

相关链接

　　本章主要介绍了松树鳃角金龟。开头处作者用了大量的篇幅来解释缩绒鳃角金龟的名字，用了举例论证的方式，通过举出老博物学家普林尼在古方中所记录的各种诡异奇特的治疗药物，来说明这些记录的荒诞和不靠谱，作者借此来论证自己的观点，既表达了对荒谬的假医学的唾弃，也解释了自己把"缩绒鳃角金龟"改称"松树鳃角金龟"的原因，表达出作者严谨认真的科学态度，不容一丝差错和谬误。作者主要介绍了雄性松树鳃角金龟向雌性求爱的方式，重点描述了它们的大头饰和乐声，最后通过观察解释了鳃角金龟发声的方式。文中运用大量的对比、疑问、设问等手法，一步步地逐渐深入探寻鳃角金龟的特点，引起读者的阅读兴趣。

大孔雀蝶的晚会

名师导读

在"我"将一只雌性大孔雀蝶囚禁后，第二天晚上家里飞来
了许多雄性大孔雀蝶，是什么让这些雄性大孔雀蝶飞到这里的呢？

这是一个难忘的晚会。我将把它称作大孔雀蝶晚
会。谁不认识这美丽的蝴蝶？① 它是欧洲最大的蝴蝶，
穿着栗色天鹅绒外衣，系着白色皮毛领带。翅膀上满是
灰白相间的斑点，一条淡白色之字形线条穿过其间，线
条周边呈烟灰白，翅膀中央有一个圆形斑点，宛如一只
黑色的大眼睛，瞳仁中闪烁着黑色、白色、栗色、鸡冠
花红色的呈彩虹状的变幻莫测的色彩。

它的体色模糊泛黄的毛虫也同样美丽好看。它那稀
疏地环绕着一圈黑纤毛的体节末端，镶嵌着青绿色的珍
珠。它那粗壮的褐色茧形状极其奇特，口部状如渔民的
捕鱼篓，通常紧贴在老巴旦杏树根部的树皮上。这种树
的树叶是其毛虫的美味食物。

5月6日那天早上，一只雌性大孔雀蝶在我面前的
实验室桌子上破茧而出。② 它因孵化时的潮湿而浑身湿
漉漉的，我立即用金属网罩把它罩了起来。我这也是灵

❶外表特征
这段话介绍
了大孔雀蝶的地
位和美丽的外表。

❷行为描写
表现出"我"
的专业，交代
"我"是如何对
待破茧而出的大
孔雀蝶的。

45

机一动才这么做的，因为我还没有针对它的特殊安排。我只是凭着观察者的简单习惯，把它关了起来，时刻密切注意可能会出现的情况。

我运气很好。晚上9点钟光景，全家人都躺下睡觉了，我隔壁房间乱糟糟的一阵响动。①小保尔没怎么穿衣服，来回走动，又蹦又跳，跺脚踢物，弄翻椅子，简直像疯了似的。只听见他在喊我，"快来呀。"他在大声喊叫，"快来看这些蝴蝶呀，像鸟儿一样大！房间里都飞满了！"

我赶忙奔过去。一看，怪不得孩子会那么兴奋，那么乱喊乱叫。②那是从未发生过的擅闯民宅，是巨大的蝴蝶的入侵。有4只已经被抓住，关进了麻雀笼里。还有大量的蝴蝶在天花板上飞来飞去。

见此情景，我立刻想起了早晨被我关起来的那只雌性大孔雀蝶来。"快穿上衣服，孩子。"我对儿子说，"把你的笼子放那儿，跟我走。咱们去看看稀罕玩意儿。"

我们往下走，来到住宅右翼我的实验室。在厨房里时，我碰见保姆，她也被眼前发生的事弄得惊愕不已。她在用她的围裙驱赶一些大蝴蝶，一开始她还以为是蝙蝠呢。

③看起来，大孔雀蝶已经差不多把我的住宅全都占据了。这肯定是那只被囚女俘引来的，它周围的那方天地会成什么样儿了呀？幸好，实验室的两扇窗户有一扇是开着的。道路通畅。

我们手里拿着一支蜡烛，冲进了房间。我们第一眼

❶ 动作描写
动作描写突出了小保尔的激动与惊讶。

❷ 解释说明
解释保尔如此兴奋的原因，也说明巨大的蝴蝶让人惊喜。

❸ 前后呼应
与前文相互呼应，反映了大孔雀蝶很多。

注释
稀罕：稀奇。

所见简直是终生难忘。一群大蝴蝶轻拍着翅膀，围着钟形罩飞舞，落在罩子上，忽而又飞走，然后又飞回来，再飞向天花板，继而又飞下来。它们扑向蜡烛，翅膀一扇，蜡烛灭了。它们又扑向我们肩头，勾住我们的衣服，轻擦着我们的面孔。这屋子简直成了一个巫师招魂的秘窟，成群的蝙蝠在飞舞。为了壮胆，小保尔紧攥住我的手，比平时用力得多。

① 它们有多少只呢？将近20只。再加上误入厨房、孩子们的卧室和其他房间的，总数有40来只。我要说，这是一次难忘的晚会，一次大孔雀蝶的晚会。它们不知是如何得知消息的，从四面八方赶来。其实，那是40来个情人，急不可耐地赶来向今晨在我实验室的神秘氛围中诞生的女子致意的。

② 今天，我们就别再多打扰这一大群追求者了。蜡烛的火焰伤着了这群来访者，它们冒冒失失地向火上扑去，烧着了点身子。明天，我将用一份事先拟订的实验问卷再来进行这项研究。

现在，我们先来整理一下思路，来谈谈我观察的这一个星期里的所有情景中的重复见到的情况。每次都发生在晚上8点到10点之间。蝴蝶们是一只一只飞来的。是暴风雨的天气，天空乌云翻滚，一片漆黑，花园里、露天地、树丛内，伸手不见五指。

对于这些到访者来说，除了这漆黑之夜，住所也难以进入。③ 房屋掩映在一些高大的梧桐树下，屋前向外前厅似的是一条两边长着厚厚的丁香和玫瑰树篱的甬道，屋前还有丛丛松树和杉柏帷幕在抵挡凛冽的西北风的侵袭。大门不远处还有一道小灌木丛形成的壁垒。大孔雀蝶要赶到朝圣地就必须在漆黑的夜晚穿越这杂乱的

读书笔记

❶设问
自问自答，表明蝴蝶数量之多、场面之壮观。

❷叙述
表现出"我"的善良，不愿去打扰和惊吓这群来访者。

❸环境描写
对住所周围环境的描写，表现出了大孔雀蝶白天穿过这里的不易，及其特殊技能。

树枝屏障，左冲右突，迂回前进。

　　在这样的情况下，猫头鹰都不敢离开它那油橄榄树的巢穴贸然闯入的。而大孔雀蝶装备精良，长着多面的小光学眼睛，比大眼睛的猫头鹰技高一筹，敢于毫不迟疑地勇往直前，顺利通过，没有发生碰撞。它迂回曲折地飞行着，方向掌握得非常好，所以，尽管越过了重重障碍，抵达时仍精神抖擞，大翅膀没有丝毫的擦伤，完好无损。对于它来说，黑夜中的那点光亮已足够了。

　　即使认为大孔雀蝶具有某些普通视网膜所没有的特殊视觉，那这种异乎寻常的视觉也不会是通知在远处的它飞来这里的东西。① 远隔着的距离和其间的遮挡物肯定使这种视觉起不了这么大的作用。

　　再说，除非有迷惑性的光的折射——这儿并不是这种情况——大孔雀蝶会直扑所见到的东西的，因为光线的指引是非常准确的。② 不过，大孔雀蝶有时也会出错，但错的不是要走的大方向，而是引诱它前去的所发生事情的确切地点。我刚才说过，孩子们的卧室是此时此刻到访者们的真正目的地，在我们秉烛闯入之前，已经被一群蝴蝶占据了。它们肯定是因情急搞错了。在厨房里也是一样，也有一群满腹狐疑的蝴蝶，因为在厨房里有一盏灯，挺亮，对于夜间活动的昆虫来说是一种无法抗拒的诱惑，所以它们可能因此而迷了路。

　　我们只考虑黑暗的地方吧。在这种地方迷失方向者也不在少数。在它们要前往的目的地附近我几乎到处都能发现一些。因此，当被囚女俘身陷我的实验室时，蝴蝶们并不是全都从那个直接而可靠的通道——开着的窗户——飞进来的，那通道离钟形罩下的女囚只不过三四步远。③ 有不少是从下面飞进来的，它们在前厅四处乱

❶叙述说明
　　说明大孔雀蝶不是根据视觉找到这里的。

❷叙述说明
　　交代大孔雀蝶可能出错的一种情况，它们也会受某些东西的干扰。

❸叙述
　　说明在黑暗的地方，大孔雀蝶也有可能迷失方向。

窜，顶多飞到了楼梯口，可那是一条死路，上面有一个门关着，进不去的。

　　① 这些情况说明，赶来求爱的大孔雀蝶们并没有像普通光辐射告诉它们之后它们所做的那样（这些光辐射是我们的身体能感觉到或不能感觉到的），直奔目标飞来。另有什么东西在远处告诉它们，把它们引到确切地点附近，然后让最终的发现物处于寻找和犹豫的模糊状态之中。我们通过听觉和味觉获得的信息差不多也是这种情况，当必须准确地弄清声音或气味的来处时，听觉或味觉却是很不准确的。

　　发情期的大孔雀蝶夜间朝圣时究竟是靠什么样的信息器官呢？

　　人们怀疑是它们的触角。雄性大孔雀蝶的触角似乎确实是用它们那宽阔的羽状薄翼在探测。② 这些美丽的羽饰只是一些普通的服饰呢，还是也起着一种引导求爱者找寻气味的作用呢？似乎不难进行一个带结论性的实验。咱们不妨来试一试。

　　入侵发生的翌日，我在实验室里找到了头天夜袭的访客中的 8 位。它们在关着的那第二扇窗户的横档上盘踞着，一动不动。其他的在一番飞舞尽兴之后，于晚上10 点钟光景从进来的那个通道，也就是日夜全都敞开着的那第一扇窗户飞走了。这 8 只坚忍不拔者正是我要做的实验所必需的。

　　我用小剪刀从根部剪掉大孔雀蝶的触角，但并未触及它们身体的其他部位。它们对这种手术并未有什么反应，谁都没有动，只不过稍稍抖动了一下翅膀。③ 手术非常成功，伤口似乎不怎么严重。被剪去触角的大孔雀蝶没有疼得乱飞乱舞，这对我的实验计划是最好不过的

❶ 总结
　　总结从上面的实验中得到的结论。

❷ 提出疑问
　　对雄性大孔雀蝶的触角的功能进行猜测，引出下面的实验。

❸ 叙述
　　剪掉大孔雀蝶的触角并未对它们造成太大的伤害。

了。一天结束了，它们一直静静地一动不动地待在窗户的横档上。

余下要做的还有另外几项事情。特别是当被剪去触角的大孔雀蝶在夜间活动时，应给女囚换个地方，不让它待在求爱者们的眼皮底下，以保证研究的成果。因此，我把钟形罩和女囚搬了家，把它放在地上，在住宅另一边的门廊下，离我的实验室有 50 来米。

夜幕降临，我最后一次查看了一下我那 8 只动过手术者。有 6 只已经从敞开着的那扇窗户飞走了；还留下 2 只，但是已经摔在了地板上。我把它们翻过来，仰面朝天，它们都没有力气翻转身子了。^①它们已精疲力竭，奄奄一息。可别责怪我的手术不好。即使我不用剪刀剪去它们的触角，它们照样会衰老垂危的。

^②那 6 只大孔雀蝶精力充沛，已经飞走了。它们还会飞回来寻找昨天引它们飞来的诱饵吗？它们没有了触角，还能找得到现已移往别处、离原先的地点挺远的那只钟形罩吗？

钟形罩放在黑暗之中，几乎是在露天地里。我时不时地拿着一只提灯和一个网跑过去看看。来访者被我捉住、辨认、分类，并立即在我关上了门的相邻的一间屋子里被放掉。这样做可以精确地计数，免得同一只蝴蝶被计算上好几次。另外，这临时的囚室宽敞空荡，绝不会损伤被捉住的蝴蝶，它们在囚室里会觉得很安静，而且有很大的空间。在我以后的研究中，我也将采取类似的安全措施。

^③晚上 10 点 30 分，再没有到访者了，实验结束了。捉住的一共是 25 只雄性，只有一只是失去触角的。昨天被动过手术的那 6 只大孔雀蝶，身强力壮，得

❶解释说明
这段话表现了大孔雀蝶生命的短暂与脆弱。

❷设置悬念
提出"我"心中的疑问，引发读者思考，同时引起读者的阅读兴趣。

❸概括、说明
实验初步说明了大孔雀蝶触角的作用。

以飞出我的实验室，回到野外，其中只有一只回来寻找那只钟形罩。如果必须肯定或者否定触角的导向作用，那我尚不敢信任这种收获不大的结果。让我们在更大的范围内再做一番实验吧。

第二天早上，我去查看头一天被捉住的俘虏们。我看到的情况并不令人鼓舞。有许多都落在地上，几乎没有了生气。我把它们用手指夹住时，有几只只是略微有点生命的气息。这些瘫痪了的囚徒还能有什么用处？咱们还是试一试吧。也许到了寻欢求爱的时刻，它们又会恢复生气的。

有 24 只新来的接受了截去触角的手术。先前被剪去触角的那一只被剔除了，因为它差不多已奄奄一息了。① 最后，在这一天剩余的时间里，监狱的大门是敞开的，谁想飞走就飞走，谁想去赴盛大晚会就去参加吧。为了让飞出去的接受试验，它们在门口必然会遇见的那只钟形罩又被挪了地方。我把它放置在一楼对面那一侧的一个套间里。当然，这个房间进出是自由的。

② 这 24 只被剪去触角者中，只有 16 只飞到了外面。有 8 只已精疲力竭，不多久就会死在这儿。飞走的那 16 只中，有多少只晚上会回来围着钟形罩飞舞呢？一只也没有。第二晚我只逮着 7 只，全都是新飞来的，也全都是羽饰完整的。这一结果似乎表明剪去触角是较为严重的事。不过，我们还是先别忙着下结论：还有一个疑点，而且是很重要的疑点。

"瞧我这副德行吧！我还敢在别的狗面前露面吗？"刚被别人无情地割掉两只耳朵的小狗莫弗拉说。③ 我的蝴蝶们会不会有小狗莫弗拉同样的担忧？一旦失去美丽的装饰，它们就不敢再出现在其情敌们面前向雌

❶ 叙述说明
说明它们所处的环境是非常自由的，保证试验结果的准确性。

❷ 解释说明
触角的失去给大孔雀蝶致命的打击。

❸ 提出疑问
提出另一种可能，表现出作者的思维的严谨、全面。

读书笔记

性示爱吗？这是它们的惶恐吗？是它们少了导向器的缘故吗？是不是因为久等而未能如愿所致，因为它们的狂热是短暂的？实验将解答我们的疑问。

第四天晚上，我捉到 14 只蝴蝶，全都是新来者，我逐个地把它们关在一间房间里，它们将在里面过夜。第二天，我趁它们习惯于昼间歇息不动之机，把它们前胸的毛拔掉少许。拔去这么一点点毛对昆虫无伤大雅，因为这种丝质的下脚毛很容易长出来，所以不会伤及它们想要回到钟形罩前的时刻所必需的器官。对于这些被拔毛者，这算不了什么。可对于我来说，这将是我识别谁来过谁是新来者的重要标记。

① 这一次没有出现精疲力竭、无法飞舞者。入夜，14 只被拔毛者飞回野外去了。当然，钟形罩又挪了地方。两个小时里，我逮住 20 只蝴蝶，其中只有两只是被拔过毛的。至于前天晚上被剪去触角的大孔雀蝶，一只也没有出现。它们的婚期结束，彻底结束了。

在有拔过毛标记的 14 只蝴蝶中，只有 2 只飞回来了。其他的 12 只虽然有着所推测的导向器，有着它们的触角羽饰，但为什么没有回来呢？另外，在囚禁了一夜之后，为什么总是有那么多被证实为体力不支者呢？对此，我只有一个回答：大孔雀蝶被强烈交尾的欲望迅速地耗得精疲力竭。

② 大孔雀蝶为了结婚这个它生命的唯一目的，具备了一种奇妙的天赋。它能飞过长距离，穿过黑暗，越过障碍，发现自己的意中人。两三个晚上的时间里，它用几个小时去寻觅、去调情。如果不能遂愿，一切全都完了：极其准确的罗盘失灵了，极其明亮的灯火熄灭了。那今后还活个什么劲儿呀！于是，它便缩到一个角落

❶ 概括总结
　　大孔雀蝶看似无用的前胸对于它们来说也是至关重要的。

❷ 概括总结
　　这段话交代了大孔雀蝶毁灭的真正原因。

里，清心寡欲，长眠不醒，幻想破灭，苦难结束。

大孔雀蝶只是为了代代相传才作为蝴蝶生存的。它对进食为何事一无所知。[①] 如果说其他的蝴蝶是快乐的美食家，在花丛间飞来飞去，展开其吻管的螺旋形器官插入甜蜜的花冠的话，那大孔雀蝶可是个没人可比的禁食者，完全不受其胃的驱使，无须进食即可恢复体力。它的口腔器官只是徒具形式，是无用的装饰，而非货真价实、能够运转的工具。它的胃里从未进过一口食物。如果它不是活不长的话，这可是个绝妙的优点。要想使灯不灭，就必须给它添油。大孔雀蝶则拒绝添油，不过它也就因此而活不长。只两三个晚上，那正是配对交欢最起码的必需时间，这就是一切，大孔雀蝶也就寿终正寝了。

那么，失去触角的大孔雀蝶一去不复返又是怎么回事呢？它们是否在证明没有了触角它们就无法再找到那只女囚所在的钟形罩呢？绝对不是。如同被拔掉毛身体受损但却安然无恙的昆虫一样，它们也是在宣告自己的寿命已经终结了。它们无论被截肢还是身体完整者，现在皆因年岁大的缘故而派不上用场了，它们的存在与不存在已无意义。[②] 由于实验所必需的时间不够，我们未能了解到触角的作用。这种作用先前让人摸不着头脑，今后仍旧是一个疑团。

被我囚禁在钟形罩下的那只雌性大孔雀蝶存活了8天。它根据我的意愿，每晚在居住处的一隅或另一处，为我引来数目不等的一群造访者。我用网随到随捕，然后立即把它们关进封闭的房间，让它们过夜。第二天，起码要在它们喉部剪掉些羽毛，以作标记。

来访者的总数在这8天当中高达150只，考虑到今

❶ 对比

大孔雀蝶有着其他蝴蝶独一无二的特点——不进食。

✒ 读书笔记

❷ 总结

总结这次实验未能得出触角的作用，作者并未轻易给出答案，表现出他的严谨。

后两年为了继续这项研究必需的资料我所要费劲乏力地去寻找这种活物的话，这个数目可真让人瞠目结舌。大孔雀蝶的茧在我住所附近虽说并非找不到，但至少是十分罕见，因为其毛虫的栖息地老巴旦杏树并不太多。那两年的冬天，我对这些衰老的树全都一一检查过，翻查它们那藏于一堆杂乱的木本植物中的树根，可我有多少次都是无功而返，空手而回呀！[①] 因此，我的那150只大孔雀蝶是从远处，从很远的地方，也许是从方圆两千米以外或更远的地方飞来的。它们是如何获知我实验室里的情况而纷纷前来的呢？

有三个信息因子是易感性的决定条件：光线、声音和气味。大孔雀蝶从敞开的窗户飞进来之后，视觉是在指引着它，但仅此而已。但在进来之前，在外面那未知的环境中则不然！说大孔雀蝶具有猞猁那种穿墙视物的视觉是不足以说明问题的，还必须解释为什么它有一种敏锐的视觉，能够神奇地看见几千米之外的东西。这个问题太大太难，咱们别去讨论了。

[②]声音同样与此无关。胖胖的雌性大孔雀蝶虽能够从很远的地方招引来情人，但它却是静默无语的，连最敏锐的耳朵也听不见它的声音。说它有春心萌动、激情颤抖，也许可以用高倍显微镜观察得到。严格地说，这是可能的。但是，我们不要忘了，到访者应该是在很远的距离之外，在数千米之外获得信息的。在这种情况下，我们就别去考虑声学的因素了。否则的话，就无宁静可言，周围一定是乱哄哄一片。

剩下的就是气味了。[③]可以说在感官范畴内，气味的散发比其他的东西更能解释为什么蝴蝶们会稍作迟疑之后便纷纷前来追逐吸引它们的那个诱饵。是否确实有

❶总结
　　根据"我"之前的找寻，得出那150只大孔雀蝶是从很远的地方飞来的，从而又提出疑问。

❷解释说明
　　声音不是吸引大孔雀蝶前来求欢的原因。

❸疑问
　　"我"猜想会不会是气味让大孔雀蝶飞来这里。

这么一种类似于我们称之为气味的散发物呢？这种散发又是极其难以发觉的，是我们所感觉不到可又能让比我们的嗅觉更敏锐的嗅觉感觉出来？得做一个实验，这实验极其简单，就是把这些散发物掩藏起来，用气味更大更浓烈而持久的一种气味压住它们，成为主导气味，这样一来，微弱的气味就几乎不存在了。

①我事先在晚上雄性大孔雀蝶将被招来的那个屋子里撒了点樟脑。另外，在钟形罩下，在雌性大孔雀蝶旁边我也放了一只装满樟脑的宽大圆底器皿。大孔雀蝶来访的时刻来到时，只需待在房间门口就能闻到这股子樟脑味儿。我的巧计未能奏效。大孔雀蝶们像平时一样，如约而至；它们闯入房间，穿越那股浓烈的气味，像在没有气味的环境中一样，方向准确地向钟形罩飞去。

②我对嗅觉能否起作用已产生了疑惑。再说，我现在也无法继续实验了。第九天，我的女俘因久等无果已精疲力竭，把未能孵出幼虫的卵放在钟形罩的金属纱网上之后就死去了。没了雌性大孔雀蝶，也就无事可做，只好等到明年再说。

③这一次，我将采取一些预防措施，储备了充足的必需品，以便如我所愿地重复已经做过的和我考虑要做的实验。说干就干，不必拖延了。

夏日里，我以每只一个苏的价格买了一些大孔雀蝶毛虫。④我的几个邻居小孩——我日常的供货者们——对这种交易十分起劲儿。每个星期四，他们在摆脱那令人生厌的动词变位的学习之后，便跑到田间地头，不时地会找到一条大毛虫，用小棍子尖端挑着给我送来。这帮可怜的小鬼不敢碰毛虫，当我像他们抓熟悉的蚕时那样用手指捉住毛虫时，他们都吓呆了。

❶场面描写⋯⋯⋯

这个实验证明了大孔雀蝶并不是依靠气味的指引而来的。

❷解释说明⋯⋯⋯

是什么给处在遥远的大孔雀蝶传递了消息，现在还是个谜。

❸叙述⋯⋯⋯

经过上一次的实验，"我"有了准备，下一次实验将会更充分和完善。

❹叙述⋯⋯⋯

交代了"我"做实验的虫子是从哪里得来的。

❶衬托

表现了寻找茧的不容易和其过程的艰辛。

我用老巴旦杏树枝喂养我昆虫园中的大孔雀蝶毛虫，不几天便有了一些优等的茧。到了冬天，我在老巴旦杏树根部一丝不苟地寻找，获得不少的成果，补足了我的收集物。一些对我的研究感兴趣的朋友跑来帮我。❶最后，通过精心喂养、四处搜寻、求人代捉，虽身上被荆条划得伤痕累累，但却有了不少茧，其中有 12 只较大较重的是雌性的。

失望一直在等待着我。5 月来临，这是个气候变化无常的月份，把我的心血化为乌有，使我痛心疾首、愁苦不堪。说话间又到了冬季。寒风凛冽，吹掉了梧桐树的新叶，落满一地。这是天寒地冻的腊月，晚上必须生上旺火，穿上已经脱去的厚厚的冬衣。

我的大孔雀蝶也饱受煎熬。卵孵化得晚了，孵出来一些迟钝呆滞的家伙。在一只只钟形罩里，雌性大孔雀蝶根据出生先后今天一只明天一只地住了进去。可是，很少或者压根儿就没有外面飞过来探望的雄性大孔雀蝶。在附近倒是有一些，因为我收集的长着漂亮羽饰的试验用雄性大孔雀蝶，一旦孵化出来，辨认清楚之后便会立即被关进园子里。它们不管离得远的还是就在附近的，都很少飞过来，而且即使来了也无精打采的。

❷叙述说明

解释第二次实验失败的原因，表现出实验过程中的挫折。

❸行为描写

为了找出大孔雀蝶前来的原因，"我"锲而不舍地进行实验。

❷也许低温也对提供信息的气味散发物有很大的影响，而炎热则可能有利于气味的散发。我这一年的心血算是白费了。唉！这种实验真难呀！它受到季节变换的快慢和反复无常的制约。

❸我又开始进行第三次实验。我喂养毛虫，到田野里去寻找虫茧。到了 5 月，我已经收集了不少。季节很好，符合我的要求。我又见到了一开始导致我进行这种研究的那次令人振奋的大孔雀蝶的入侵的盛况。

每天晚上都有大孔雀蝶飞来，有时十一二只，有时二十多只。雌性大孔雀蝶肚腹鼓鼓的，紧贴在钟形罩的金属网上。它毫无反应，甚至连翅膀都没颤动一下。它好像对周围所发生的事情无动于衷。我家人中嗅觉最灵敏的也没有嗅出什么气味来，我家亲朋中被拉来作证的听觉最敏锐的也没听见任何响动。那只雌性大孔雀蝶一动不动地、屏息凝神地在等待着。

雄性大孔雀蝶三三两两地扑到钟形罩圆顶上，绕着飞来飞去，不停地用翅尖拍打着圆顶。它们之间没有因争风吃醋而发生打斗。每只雄性大孔雀蝶都在尽力地想闯入钟形罩，看不出对其他的献殷勤者有任何的嫉妒。①徒劳地尝试一番之后，它们厌倦了，飞走了，混入正在飞舞着的蝶群中去。有几只绝望者从那扇敞开的窗户飞走了，一些新来者替代了它们。而在钟形罩的圆顶上，直到10点钟左右，仍不断地有蝴蝶尝试闯入，随即失望而去，随即又有新来者代替之。

钟形罩每天晚上都要挪挪地方。我把它放在北边或南边，放在楼下或二楼，放在住所右翼或左翼50米开外，放在露天地里或一间僻静小屋的暗处。这一番神不知鬼不觉地突然搬来搬去，如果不知情者想找可能都找不着。但是，却一点儿也没骗过蝴蝶们。我的时间与心思全白费了，没有迷惑住它们。

②这里并不是对地点的记忆在起作用。譬如头一天晚上，那只雌性大孔雀蝶被放置在住所的某间房间里。羽饰美丽的雄性大孔雀蝶飞到那儿舞了两个小时，甚至还有一些在那儿过了一夜。第二天，日落时分，当我转移钟形罩时，雄性大孔雀蝶都在外边。尽管寿命转瞬即逝，但新来者仍有能力进行第二次、第三次的夜间远

读书笔记

❶细节描写

雄性大孔雀蝶毫无耐心，求欢无果后，果断离去。

❷举例说明

这段表明大孔雀蝶的视觉是不起作用的。

征。这些只能存活一日的家伙首先将飞往何处？

它们了解昨夜幽会的确切地点。我还以为它们将凭着记忆回到那儿去，而在那儿发现人去楼空时，它们将飞往别处继续追寻。但并不是这么回事：[①]与我的期盼恰恰相反，根本就不是这样的。它们谁也没有再出现在昨晚一再光顾的地方，谁都没在那儿做过短暂逗留。此地已看出是没有人烟了，记忆似乎并没有事先向它们提供任何情报。一个比记忆更加可靠的向导把它们召唤去了另外的地方。

❶事实论证……
它们之间有一种神秘的力量在指引。

在此之前，雌性大孔雀蝶一直公开地待在金属网眼上。那些到访者在漆黑的夜晚目光仍是敏锐的，它们凭借那对我们而言简直如同漆黑的夜色的一点儿微光是能够看见那只雌性大孔雀蝶的。如果我把雌性大孔雀蝶关进不透明的玻璃罩中，那会出现什么情况呢？这种不透明的玻璃罩难道就不能让提供信息的气味自由散发或完全阻止它散发吗？

❷疑问、悬念……
一连串的疑问，表现了弄清楚原因的困难，也为下文设置了悬念。

[②]今天，物理学使我们能够发明利用电磁波的无线电报了。大孔雀蝶在这个方面是不是可能超越了我们？为了激励周围的雄性大孔雀蝶，通知几千米以外的求爱者，刚刚孵化出来的适婚雌性大孔雀蝶难道已拥有已知的或未知的电波和磁波吗？这种电波、磁波难道会被某种屏障隔断而被另一种屏障放行吗？总而言之一句话，它是不是会按照自己的方法利用某种无线电呢？我觉得这并没有什么不可能的。昆虫是这种高级发明的强者。

于是，我把雌性大孔雀蝶放在不同材质的盒子里。有白铁的、木质的、硬纸壳的，全都关得严严实实，甚至还用油性胶泥给封上。我还用了一只玻璃钟形罩，摆放在一小块玻璃的绝缘柱上。

在这种严密封闭的条件下，没有飞来一只雄性大孔雀蝶，一只也没有，尽管晚上既凉爽又安静，环境宜人。无论是什么材质的——金属的、玻璃的、木质的还是硬纸壳的——密封盒，都使传递信息的气味物无法散发出去。

一层两横指厚的棉花层也产生同样的效果。我把雌性大孔雀蝶放进一只很大的短颈大口瓶里，用棉花盖上瓶口，扎紧。① 这足以使周围的雄性大孔雀蝶无法知晓我实验室的秘密了。一只雄性大孔雀蝶都没有露面。

反之，我们不把盒子密封，让它微微开着点，再把这些盒子放进一只抽屉里，装进大衣橱中，但尽管这么藏了又藏，雄性大孔雀蝶仍然蜂拥而来，多得就像明显地把钟形罩放在一张桌子上时一样。女俘被放在帽盒里，裹进一只关好的壁橱等待着的那个晚上的情景至今仍历历在目。雄性大孔雀蝶们扑向壁橱门，用翅膀扑打着，啪啪连声，想闯进去。② 这些过路的朝圣者，也不知从何处飞进田野来到此处，它们非常清楚门后面藏着什么。

因此，任何类似无线电报的通信手段都无法接受，因为一道屏障无论是好导体还是坏导体，一经出现便立即阻断了雌性大孔雀蝶的信号。③ 为了让信号畅通无阻，传得很远，必须具备一个条件：囚禁雌性大孔雀蝶的囚室不能关得严丝合缝、密不透风，要让内外空气相通。这又使我们回到了存在一种气味可能性的设想上，但那是经我用樟脑所做的实验给否定了的。

我的大孔雀蝶的茧业已告罄，但问题仍然没有弄个一清二楚。我第四年还要继续搞下去吗？④ 我放弃了，原因如下：如果我愿跟踪观察一只大孔雀蝶夜间婚礼中

❶叙述
在这样的环境下，雄性大孔雀蝶无法感应到雌性大孔雀蝶的存在。

❷叙述
说明雄性大孔雀蝶们知道雌性大孔雀蝶就在门后。

❸叙述说明
交代为了让信号不受阻拦，必须具备的条件。

❹解释说明
这段话交代了"我"放弃继续实验的原因。

的亲昵举动，那是颇为困难的。献殷勤的雄性为达到目的肯定是无须亮光的，但我那人的微弱视力夜间无亮光是看不见什么的。我起码得点上一支蜡烛，但又常常被飞舞的群蝶给扇灭了。提灯倒是可以免此烦恼，但是它光线昏暗，又会出现阴影，根本无法让你看得清清楚楚。

还不光是这一点，灯的亮光还会把蝴蝶从它们的目标引开，使之无法成其美事，而且照得太久，还会严重影响整个晚会的成功。① 来访者一飞进屋内，便疯狂地扑向火光，烧坏身上的绒毛；而且，从今以后因为被烧伤而疯狂，就无法用来取证了。如果它们没有被烧着，被隔在玻璃罩外面，落在火光旁边，便会像是被施了魔法似的，不再动弹。

❶叙述说明

交代了来访者的几种表现。

一天晚上，雌性大孔雀蝶被放置在餐厅的一张桌子上，正对着敞开着的窗户。一盏煤油灯点着，灯上装有一个搪瓷的宽大灯罩，吊挂在天花板上。一些来访者落在钟形罩的圆顶上，在女俘面前急不可耐的样子；另外的一些来访者，飞过女俘囚室时略微致意一番，便向煤油灯飞去，盘旋片刻之后，被搪瓷灯罩的反射光照得迷迷糊糊的，便贴在灯罩下面一动不动了。孩子们已经伸手要去捉它们了。"别动。"我说，"别动。别惊扰它们，别搅扰这些前来光明圣体龛朝圣的客人们。"

❷叙述

说明光的存在会影响大孔雀蝶对爱情的向往。

❸叙述

"我"准备研究那些不受光影响的蝴蝶，这样方便观察。

② 整个晚上，它们全都没有动弹过。第二天，它们仍留在原地。对亮光的迷恋使它们忘掉对爱情的陶醉。

面对这样的一些迷恋亮光的家伙，精确而长久的实验是无法进行的，因为观察者需要照明。我放弃了对大孔雀蝶及其夜间婚礼的观察。③ 我需要一只习性不同的

注释

惊扰：惊动扰乱。

蝴蝶，它得像大孔雀蝶一样勇敢地奔赴婚礼幽会，但又能在白天交尾。

在用一只满足上述条件的蝴蝶进行研究之前，暂时先别顾及时间的先后次序，说几句我结束研究之前飞来的最后一只蝴蝶的事。那是一只小孔雀蝶。

别人不知从哪儿给我弄来一只很棒的茧，裹着一个宽大的白色丝套。从这个不规则的大褶皱的丝套中，很容易抽出一只外形似大孔雀蝶茧但体积要小一些的茧来。丝套端口用松散但又聚集的细枝结成网状，可出而不可进，我一眼便看出那是一只夜间活动的大孔雀蝶的同类。丝套上有编织者的名号。

果然，3月末，圣枝主日那一天的清晨，那只茧孵出一只雌性小孔雀蝶，我立刻把它关进实验室的钟形金属网里。我打开房间的窗户，好让这件大事传布到田野中去，而且必须让可能前来的探访者自由进入房间。被囚的这只雌蝶贴在金属网纱上，一个星期都没再动一动。

① 我的小孔雀蝶女囚美丽极了，一身呈波纹状的褐色天鹅绒华服，上部翅膀尖端有胭脂红斑点，四只大眼睛，宛如同心月牙，黑色、白色、红色和赭石色混在一起。如果不是色泽那么发暗的话，几乎就是大孔雀蝶的装饰。这种体形和服饰如此华美的蝴蝶，我一生中见到过三四次。我昨天见了茧，但从未见到过雄性蝶。我只是从书本上知道雄性比雌性要小一半，体色更加鲜艳，更加花枝招展，下部翅膀呈橘黄色。

② 我还不了解的陌生贵客、羽饰漂亮的雄蝶，它会飞来吗？在我们周围这一片似乎很少见到它。在它那遥远的藩篱墙中，它能得知那只适婚雌蝶在我实验室的桌子上正等待着它吗？我敢保证它会前来的，而

读书笔记

❶外貌描写
对小孔雀蝶外表的具体描写，突出了它的美丽。

❷设问
"我"的肯定表明了雌小孔雀蝶强大的吸引力。

61

且我的猜测错不了的。瞧，它来了，甚至比我预料的还早到了。

晌午时分，我们正要吃午饭，因心悬可能会出现的情况，尚未来用餐的小保尔突然跑到饭桌前，面颊红彤彤的，只见一只漂亮的蝴蝶在他的指间扑扇着翅膀。它正在我实验室对面飞舞时，被小保尔一下子捉住了。小保尔递过来给我看，以目询问我。

"哇！"我说，"正是我们等待着的朝圣者呀！先别吃了，赶快去看看是怎么回事。回头再吃吧。"

因奇迹的出现，午饭都给忘了。雄性小孔雀蝶令人难以置信地按时被女囚给神奇地召唤来了。它们艰难曲折地飞翔，终于一只接一只地飞来了，而且都是从北边飞过来的。这个情况很有价值。^①的确，乍暖还寒已经一个星期了。北风呼啸，吹落了老巴旦杏树新绽开的花蕾。这是一场凶猛的风暴，通常在我们这里是预示着春天不远了。今天，气候突然转暖，但北风依然在呼啸着。

在这段时间陡变的天气中，飞来找那只雌小孔雀蝶的所有雄小孔雀蝶全都是从北边飞到我的拘蝶园中的；^②它们是顺着气流飞的，没有一只是逆流而来的。如果它们有与我们相似的嗅觉作为罗盘，如果它们是受分解于空气中的有味道的微粒指引的，那它们就应该是从相反的方向飞来才对。如果它们是从南边飞来的，我们就会认为它们是闻到风吹来的气味才找到地方的。在北风呼啸、空气吹净、什么味道也闻不到的天气里，从北边飞来，怎么可能假定它们在很远的地方就嗅到了我们所说的气味呢？我觉得有气味的分子不可能顶着强风传给它们。

❶环境描写
交代此时的天气，便于对实验做出结论。

❷分析推理
对实验的分析，让"我"再次陷入困惑当中。

两个小时中，在阳光灿烂之下，来访的雄小孔雀蝶们在我的实验室门前飞来飞去。①其中大部分都在一个劲儿地寻来觅去，或撞墙欲入，或掠地而过。见它们如此犹豫不决，我想它们是因找不到引它们飞来的那个诱饵的确切位置而十分着急。它们从老远飞来，没有弄错方向，可到了地方却又弄不清准确地点了。不过，它们迟早会飞进屋内去向女俘致意的，但也不会恋战。下午 2 点钟时，一切便结束了。一共飞来了10 只雄小孔雀蝶。

整整一个星期，每当中午时分，阳光极其明亮时，一些雄小孔雀蝶便会飞来，但数量在减少。前后加起来一共有40 来只。我觉得无须重复实验了，因为不会给我已知的情况再添加资料了。所以，我只是在注意两个情况。②首先，小孔雀蝶是昼间活动的，也就是说它们是在光天化日之下举行婚礼的。它们需要充足明亮的阳光。而与它成虫的形态和毛虫的技艺相近的大孔雀蝶则完全相反，需要日暮天黑之后。这种相反的习性谁有本事解释清楚谁就去解释吧。

其次，一股强气流从相反方向吹散能够给嗅觉提供信息的分子，但却不会像我们的物理学所假设的那样，阻止小孔雀蝶飞抵有气味的气流的相反的一面。

为了继续研究，我们需要的是夜间举行婚礼的大孔雀蝶，而不是小孔雀蝶。后者出现得太晚了，而我并没有在研究它。我需要的是大孔雀蝶，不管是什么样的，只要它在婚庆交尾时敏捷能干即可。③这种大孔雀蝶，我能获得吗？

❶场面描写

表明这些小孔雀蝶同大孔雀蝶一样可以找到大致方向，难以找到精确方位。

❷对比、说明

通过对比表明了大孔雀蝶的不同之处，也说明实验并无太大的意义。

❸设置悬念

结尾留下悬念，留给读者想象的空间，让人怀有期待。

精华赏析

作者通过多次试验想要了解雄性大孔雀蝶是如何找到雌性大孔雀蝶的，但最终并未得出结论。虽未有结果，但在作者一次次试验的过程中，可以看出他的严谨、认真和执着。

延伸思考

1.什么信息因子是易感性的决定条件？
2.大孔雀蝶和小孔雀蝶有什么不同？

相关链接

本章主要介绍了大孔雀蝶的一些生理习性。开头处仔细描述了大孔雀蝶的外貌，表现出它们独特的美丽，随后作者交代了自己扣留住一只雌性大孔雀蝶，却意外引来了许多雄性大孔雀蝶的经过。作者发现光线对于大孔雀蝶的行进具有很强的迷惑作用，但是却不知道这么多雄性大孔雀蝶是如何寻到雌性大孔雀蝶的，于是他对此进行了多次试验，希望能够发现发情期的雄性大孔雀蝶寻找雌性所接收信息的器官，作者只能证明触角是个非常重要的部分，却不能完全肯定它们就是用触角来接收信息。作者进行了大量的试验，从光线、声音、气味等多个方面进行尝试，却仍然没能得到确切的结果。并且由于大孔雀蝶生命极短，它们不吃不喝，很快就会精力衰退，对试验造成了很大阻碍，作者的试验没能顺利成功，尽管进行了多次试验，还是没能弄清楚大孔雀蝶的秘密。

小阔条纹蝶的秘密

名师导读

　　虽未得知大孔雀蝶的秘密，但"我"却得到了一只小阔条纹蝶。在对它的研究过程中，"我"逐渐了解了它身上的秘密……

　　是的，我将能得到它，我甚至已经得到它了。一个7岁的男童，脸上透着灵气，但并不每天洗脸，他光着脚，短裤破烂，用一条带子系着，他每天都给我家送萝卜和西红柿。一天早晨，他提着蔬菜篮子来了，收下了我给的蔬菜钱，放在手心里一枚一枚地数着那几枚他母亲期盼的苏，然后便从口袋里掏了一件东西，是他头天沿着一个藩篱捡拾兔草时发现的。

　　"还有这个。"他把那东西递给我说，"这个，您要不？"① "要呀，我当然要。你想法再给我找一些，你找到多少我要多少，而且我答应你每个星期天带你去玩旋转木马。喏，我的朋友，这是两个苏，给你的。把这两个苏单放，别同萝卜钱混在一起，免得向你妈报账时报不清楚。"② 我的这位头发乱蓬蓬的小家伙看到这么多钱简直开心极了，隐约感到自己要发大财了。

　　他走了之后，我仔细地观察着那个东西。这东西值

❶语言描写……
　　这段话表现了这个茧对"我"的重要性。

❷神态描写……
　　"我"和这个小男孩各取所需。

得花气力去寻找。那是一个漂亮的茧，呈圆盾形，使人很容易联想到蚕房里的蚕茧，它很坚硬，呈浅黄褐色。从书本上的一些简单介绍来看，我几乎肯定这是一只橡树蛾的茧。① 如果真的是的话，那真是老天所赐！我就可以继续我的研究，也许还可能让我补足大孔雀蝶让我隐约瞥见的材料。

橡树蛾确实是一种传统的蝶蛾，没有一本昆虫学论著不谈及它在婚恋期间的突出表现。据说有一只雌性橡树蛾被困在一个房间里，甚至还刚刚在一只盒子底部孵卵。它远离乡野，困于一座大城市的喧闹之中。但是，孵卵之事还是传给了树林里和草坪间的相关者。雄性橡树蛾们在一个不可思议的指南针的引导之下，从遥远的田野间飞来，飞到盒子跟前，谛听，盘旋，再盘旋。

这些奇闻趣事我是从书本中了解到的。但是看到，亲眼看到，同时还再稍作一番实验，那完全是另一回事。我花了两个苏买的那东西里面有什么呢？会从中飞出来那个著名的橡树蛾吗？

它还有另一个名字：布带小修士。② 这个新颖别致的名字是由其雄性的外衣导致的，那是一件棕红色修士长袍，但它不是棕色粗呢，而是柔软的天鹅绒，前面的翅膀横有一条泛白的、长有像眼珠似的小白点的条纹。

③ 这里所说的布带小修士，也就是小阔条纹蝶，不是那种在合适的时候，我们心血来潮带上个网子出去一捉就能捉到的平淡无奇的蝴蝶。在我们村子周围，特别是在我的荒石园中，我住了二十来年还从来没有见到过它。确实，我不是狩猎迷，标本上的死昆虫我并不太感兴趣，我要的是活物，要能表现其天赋才能的。不过，我虽无收集者的那种热情，但我对田野里生机盎然的一

❶抒发感情
表达自己获得橡树蛾茧时的喜悦心情。

🖋 **读书笔记**

❷外貌描写
通过得名的原因，介绍橡树蛾的外部特征。

❸解释说明
反映了小阔条纹蝶的稀有，突出其珍贵价值。

切都十分关注。一只身材和服饰如此与众不同的蝴蝶要是被我遇上，我肯定会捉住它的。

我许诺带他去骑旋转木马的那个小家伙再也没能捉到第二只。三年里，我拜托朋友和邻居帮我找，特别是求那些年轻人，他们是荆棘丛林中眼明手快的搜索者。我自己也在枯叶堆中翻来找去，查看一堆堆的石块，掏摸一个个的树洞，但都一无所获，稀罕的蝶茧仍未能找到。这足以说明在我住处周围，小阔条纹蝶十分罕见。到时候，我们将会看到这一点是多么重要。

①我猜测得没错，我的那只唯一的茧正是那种著名的蝴蝶。8月20日，一只雌蝶从茧中出来，胖嘟嘟的，肚子大大的，衣着与雄蝶一样，但是其长袍是米黄色，更加淡雅。我把它放在我工作室中间的一张大桌子上，用金属钟形网罩罩住。大桌子上放满了书籍、短颈大口瓶、陶罐、盒子、试管以及其他一些器械。大家知道这个环境，就是我为大孔雀蝶准备的那个处所。有两扇窗户朝向花园，阳光照进屋里。一扇窗户是关着的，另一扇则白天黑夜全都敞开着。②小阔条纹蝶就待在这两扇窗户中间那四五米间隔之处的半明半暗之中。

当天余下的时间以及第二天过去了，没有什么值得一提的事情发生。小阔条纹蝶用前爪抓住金属网纱，吊挂在朝阳的那一边，一动不动，像死了似的，翅膀未见颤动，触角也没有抖动，如同大孔雀蝶的情况一样。

雌小阔条纹蝶发育成熟了，细皮嫩肉在变结实。它不知运用哪一种我们的科学尚无法解释的方法在制作一种无法抗御的诱饵，把一些拜访者从四面八方吸引过来。③它那胖嘟嘟的身体里出现什么状况了？里面发生了什么变化把周围闹得个天翻地覆？如果我们能了解它

❶说明
事情在意料之中，为"我"的研究提供了可能。

❷叙述
说明小阔条纹蝶喜欢待在半明半暗的环境中。

❸反问
表现出作者对探究雌小阔条纹蝶身体奥秘的渴望。

那炼丹术的秘诀，那我们将会增加很多的知识。

第三天，新娘子已经准备好了。像过节似的热闹起来了。我当时正在花园里，因为事情拖得太久，对成功已经感到绝望。突然，下午3点钟光景，天气很热，阳光灿烂，我隐约看见一群蝴蝶在开着的那扇窗框间飞来飞去的。

❶细节描写

　　"我"看到一群蝴蝶飞来飞去的情景。

它们是一些来向美人儿献媚取宠的情郎。① 有一些从房间里飞出去，另一些则飞进去，还有一些落在墙上休息，好像因长途跋涉而疲惫不堪了。我隐约看见一些从远处飞来，飞进高墙，飞过高高的柏树冠。它们从四面八方飞来，但数量越来越少。我未能看到婚庆开始的情况，现在客人们差不多都已到齐了。

我们上楼去看看吧。这一次是在大白天，任何细节都没漏掉，我又见到了那只大孔雀蝶让我头一回见到的令人惊讶不已的情景。在我的工作室里，一大片的雄性小阔条纹蝶在翻飞，转来绕去，我尽量地以目测估算，大概有60来只。② 在围着钟形罩绕了几圈之后，有一些便向敞开的窗户飞去，但随即又飞了回来，又开始围着钟形罩转悠开来。最猴急的则停在钟形罩上，用爪子相互抓挠、推搡，竞相取代别人抢占最佳位置。钟形罩里面的女俘大肚子垂着贴在网纱上，不动声色地等待着，在这群纷乱的雄蝶面前，没有一丝激动的表情。

❷行为描写

　　将这些雄性小阔条纹蝶的行为详细地描述出来，表现出它们对雌性小阔条纹蝶的极大兴趣。

雄性小阔条纹蝶无论是飞走的还是飞来的，无论是坚守在钟形罩上的还是在室内飞舞的，在3个多小时的过程中，一直在疯狂地舞动着。但是日已西下，气温有点下降，雄蝶们的激情也随着降温。③ 有许多飞走了，没再飞回来。另外一些占好位置以利明日再战，它们紧贴着那扇关着的窗户的窗棂，如同雄性大孔雀蝶一样。

❸行为描写

　　交代雄性小阔条纹蝶的去向。

今天的节庆活动到此结束。明天肯定还将继续，因为受网纱阻隔，活动尚未有任何结果。

可是不然！令我大为沮丧的是活动并未再继续，这都是我的错。晚上，有人给我送来一只螳螂，个头儿特别小，所以我非常喜欢。由于老是想着下午的种种情况，我便不经意地匆忙把它这个食肉昆虫放进了那只雌性小阔条纹蝶的钟形罩里了。①我压根儿就没想到这两种昆虫共居一室是会产生恶果的。那只螳螂一副小样儿，而那只雌性小阔条纹蝶却是那么胖嘟嘟的！所以我一点儿也没起疑心。

唉！我对带铁钳的食肉昆虫的凶残性认识太差！第二天，我惊呆了，痛苦地发现那只小螳螂正在啃咬那只胖蝴蝶。后者的脑袋和前胸已经没有了。可怕的昆虫！你让我度过了多么惨痛的时刻啊！再见了，我整夜冥思苦想的研究工作。3年中，我因无研究对象而无法继续我的研究。

但愿这倒霉事别让我们忘掉我们刚了解到的那一点点情况。②仅一次聚会，就将近有60只雄性小阔条纹蝶飞来。如果我们考虑到这种蝴蝶的稀少，如果我们记起我和我的助手们那整整数年连续无果的研究，那这个数目够让我们惊讶不已的了。找不到的那种蝴蝶在一只雌蝶的引诱下，一下子来了这么多。

那么，它们是从哪里飞来的呢？毫无疑问，是从老远的地方，是从四面八方。③我很久以来一直在我住处附近寻来找去，一丛丛荆棘，一堆堆石块，我都翻了个遍。所以，我可以肯定我们周围没有橡树蛾。为了在我的工作室里聚集一大群这种蝶蛾，我曾这儿那儿地寻遍郊外各地，也不知找了多少地方。

❶心理描写

表明雌性小阔条纹蝶将被螳螂吃掉。

❷反衬

表现一只雌性小阔条纹蝶吸引力之强大。

❸概括总结

"我"的周围没有橡树蛾，表现了小阔条纹蝶传播力之大之远。

3年过去了，我日思夜求的运气终于给我送来两只小阔条纹蝶茧。8月中旬前后，这两只茧相隔几天为我孵出一只雌蝶来，这使我得以丰富并重复我的实验。

我很快便又重新进行大孔雀蝶已经给了我非常肯定答复的种种实验。白昼的朝圣者也很灵巧，并不比夜间朝圣者差。它挫败了我所有的计谋。①它准确地飞向被金属网罩罩着的那个女俘，无论网罩置放在什么地方。它能够在壁橱暗处发现女俘，能够在一只盒子的最里面找到女俘，只要这只盒子盖得不太严。如果盒子关得严丝合缝，它得不到信息，它也就不再来了。在此之前，它一再重复的是大孔雀蝶的英勇行为，别无其他。

②一只盖得严严实实的盒子，空气无法流通，雄性小阔条纹蝶也就完全无法知晓女俘的情况。即使把这盒子放在窗户上的十分显眼的地方，也没有一只雄性飞来。因此，这又立即使我想起了无论是金属的、木质的、硬纸板的还是玻璃质的隔墙，都传导不了有气味的散发物。

我对夜巡大孔雀蝶就做过此实验，它没被樟脑味蒙骗，在我看来，樟脑气味大极了，人的嗅觉就感觉不到被它压住的细微气味了。③我用小阔条纹蝶重新进行了这种实验。这一回，我把我所存有的汽油和有气味物统统都给用上了。

一打的碟子放好了，一部分放在囚禁女俘的金属钟形网罩里，另一部分放在网罩四周，围成一圈。有几只装着樟脑，有几只装着宽叶薰衣草香精，有几只装着汽油，还有几只装着臭鸡蛋味的碱硫化物。不能再多放什么了，否则女俘会被窒息身亡的。这些小碟子早晨便放好了，以便聚会开始时屋子里已经弥漫着这种种气味。

④下午，工作室变成了恶心的配药室，一股浓烈的

❶叙述

说明雄性小阔条纹蝶总能找到雌性小阔条纹蝶，它是如何准确找到对方的呢？

❷概括总结

大孔雀蝶和小阔条纹蝶参加婚庆情况是差不多的。

❸叙述

为了使实验更加准确，"我"用上了多种有气味的物品。

❹衬托

对各种气味的详细描写。

薰衣草香气加上碱硫化物恶臭的混合气味。而且别忘了我还在这间屋里大量地熏烟。煤气厂、烟馆、香料厂、炼油厂、臭气熏天的化工厂全都集中在这间屋子里了，这样能否使小阔条纹蝶迷失方向呢？

根本就没有。3点钟光景，雄性小阔条纹蝶像通常一样纷纷飞来。它们都往钟形罩那儿飞。其实，我事先已经用一块厚布把罩蒙上了，以便增大难度。①它们一飞进屋内，便被一种混杂着各种气味的浓烈氛围包围住了，但它们仍旧是朝着女俘的囚室飞去，想从厚布的褶皱下面钻进去与女俘相会。我的计谋未能奏效。

这次实验完全失败了，重复了大孔雀蝶实验的结果。这次的失败之后，我理所当然地要放弃是有气味的散发物在指引小阔条纹蝶参加婚庆的观点。我之所以没有放弃，应该归功于一次偶然的观察。意外和偶然有时会给我们带来惊喜，把我们引向此前一直在毫无结果地寻觅真理的道路。

一天下午，我想弄清楚蝴蝶一旦飞进屋里，视觉在寻找目的物中是否还起点作用，便把那只雌性小阔条纹蝶放在一只钟形玻璃罩中，还给它弄点带枯叶的橡树小枝让它停靠。玻璃罩就放在桌子中间，冲着敞开的那扇窗户。雄蝶飞进屋里一定会看得见女俘的，因为后者就在它们必经之路上。雌蝶在其上待了一夜和一个早上的那个金属纱网钟形罩下面放了一层沙土的陶罐，我觉得很碍事，未加任何考虑地便把它放到屋子的另一头的地板上，那个角落只能透进半明半暗的光线，离窗户有十来步远。

接下来发生的事把我的思绪搅成一团。②飞进来的到访者中没有一位在玻璃罩那儿停下来，而玻璃罩就在明亮的阳光下面，女俘显眼地居于其中。它们全都没朝

❶行为描写
说明即使有其他气味的干扰，雄性小阔条纹蝶总能找到雌性小阔条纹蝶。

🖋读书笔记

❷行为描写
介绍了这些雄性小阔条纹蝶的行为，使实验更加扑朔迷离。

71

雌蝶看一眼，没有探询一下。它们全都飞向房间另一头我放着陶罐钟形罩的那个暗黑的角落。

它们落在金属纱网罩圆顶上，久久地在探寻，扑扇着翅膀，还稍稍在相互争斗。整个下午，直到日影西斜，它们都围在空空的圆顶飞舞，以为雌蝶就身陷其中。最后，它们飞走了，但没有全飞走。①有几个执着者不想走，死死地钉在那儿，像是被施了定身法似的。

❶行为描写
表现出这几只雄性小阔条纹蝶的执着。

这真是个奇怪的结果：我的这些蝴蝶飞到那人去楼空之地，长留不去，尽管眼见罩中无人仍死不甘心。从雌蝶所在的那只玻璃钟形罩旁飞过时，来来去去的这群雄蝶中不可能一个也没看出有雌蝶的，但它们就是没有在此稍作停留。它们被一个诱饵给弄得神魂颠倒，竟置真实之物于不顾了。

❷设问
揭示了雄性小阔条纹蝶被吸引的原因。

②它们是被何物所欺骗的呢？第一天整个夜晚和第二天的整个上午，雌蝶都是待在金属纱网钟形罩里的，它忽而吊在纱网上，忽而在陶罐的沙土层上歇息。它碰过的东西，特别是它那大肚子蹭过的东西，长时间接触之后，浸透了一些散发物的气味。那就是它的诱饵，就是它的激越情欲的药物，那就是引得雄蝶神魂颠倒、纷至沓来的尤物。沙土层把这尤物保存一段时间，并向四周扩散出去。

因此，是嗅觉在引导雄蝶们，在远处向它们发出信息。它们为嗅觉所控制，不去考虑视觉所提供的信息；所以，途经美人儿正被关押的玻璃囚室时，一飞而过，直奔在散发神奇气味的纱网、沙土层，直奔女魔法师除了气味什么也没留下的那座空房。

❸叙述说明
"我"对这种"尤物"进行了必要的猜想。

那无法抗拒的尤物需要一定的时间才能配制好。③我想它像一种挥发性气体，一点点地散发出去，让一动不动的大肚雌蝶沾过的东西便浸满了这种气体。即使玻璃钟形罩放在桌子正中间，或者更好一些，放在一块玻璃上，内外都无法很好地沟通；而且，雄蝶因为凭嗅觉什么也感觉不到，它们就不会前来，无论你试验多久都无济于事。可我眼下不能以这种内外无法沟通作为理由，因为即使我搞出一个好的沟通环境，用三个小垫子把钟形罩抬离支座，雄蝶们也不会一下子飞来，尽管屋子里蝴蝶为数不少。① 但是，等上半个小时左右，盛有雌蝶尤物的蒸馏器就开始启动了，求欢者们立即就会像通常那样纷纷而来。

❶场面描写·········
证实雌蝶制造特殊气味需要一定时间。

掌握了这些出乎意料的驱云拨雾的材料，我就可以进行不同的实验，这些实验在同一个方面全都是具有结论性的。早晨，我把雌蝶放在一个钟形金属网罩里。它的栖息处是同先前一样的一根橡树细枝。雌蝶在里面一动不动，像死了似的。它在细枝上待了许久，藏在大概浸润着其散发物的叶丛中。当探视时间临近时，我把浸足了散发物的细枝抽出来，放在离敞开的那扇窗户不远处。另外，我让钟形罩中的雌蝶待在房间中央的桌子上显眼的地方。

❷承上启下·········
实验再次证明雄蝴蝶是被雌蝴蝶制造的独特气味吸引的。

② 蝴蝶纷纷来到，先是 1 只，然后是 2 只、3 只，很快就是 5 只、6 只。它们进来，出去，又回来；飞上飞下，飞来飞去，始终是在那扇窗户附近。那枝细橡树枝放在椅子上，离窗户不远。谁也没往那张大桌子飞，而雌蝶就在那儿的金属网罩中等候它们，离它们并没有多远。它们在迟疑，这可以清楚地看出来：它们在寻找。

最后，它们终于找到了。那它们找到什么了？找到的正是那根细枝，那根细枝早晨曾是胖雌蝶的粉床。它们急速地扑扇着翅膀，飞落在叶丛上，忽上忽下地搜

注释
一动不动：形容毫不移动。

寻、抬起、移动树叶，以致最后那束很轻的细枝被弄掉到地上去了。它们仍在落在地上的细枝叶丛中搜索。在翅膀和细爪的扑打抓挠下，细枝在地上移动着，仿佛被一只小猫用爪子抓扑的破纸团。

当细枝连同那群搜索者移动到远处时，突然新飞来两只小阔条纹蝶。那把刚才放有细枝叶的椅子就在它俩飞经的途中。① 它俩在椅子上落下，急切地在刚才放过细枝的地方嗅闻个没完。然而，对于先来者和新到者来说，它们热切盼望的那个真实目标就在那儿，很近，被一只我忘了遮盖起来的金属网罩罩着。它们谁也没有注意到它。它们在地上继续推挤雌蝶早上睡过的那个小床，在椅子上继续嗅闻那张粉床曾经放过的地方。日影西斜，撤退的时刻到了。再说，撩拨的气味也在渐渐地淡去、消散。拜访者们没什么可做的了，只好飞走，明日再来。

② 我从随后的实验中得知，任何材料，不管是哪一种，都可以代替我那偶然的启示者——带叶的细枝。我稍许提前一点儿把雌蝶放在一张小床上，上面时而铺垫着呢绒或法兰绒，时而放些棉絮或纸张。我甚至还强迫雌蝶睡木质的、玻璃的、大理石的、金属的硬硬的行军床。③ 所有这些东西在雌蝶接触了一段时间之后，都像雌蝶本身似的对雄蝶们有着同样的吸引力。它们全都具有这种吸引雄蝶的特性，只不过是有的强些、有的弱些。最好的是棉絮、法兰绒、尘土、沙子，总之，是那些多孔隙的东西。而金属、大理石、玻璃反而很快地便失去它们的功效。总而言之，但凡雌蝶接触过的东西，都能把其吸引力的特性传出去。因此，橡树细枝掉到地上之后，雄蝶们仍旧纷纷飞到那把椅子的坐垫上。

我们来选用一张最好的床，比如法兰绒床，我们

❶情景描写

进一步验证了先前的结论。

❷举例说明

这句话再次证实了气味吸引爱慕者之说。

❸叙述

说明只要被雌蝶碰过的东西，就能吸引雄蝶。

将会看到新奇的事。我在一根长试管或小阔条纹蝶正好可以飞进去的一只短颈大口瓶里放一块法兰绒，让雌蝶整个上午都待在上面。来访者们钻入器皿中，在里面拼命扑腾，但却怎么也飞不出来了。我给它们布置了个陷阱，可以让它们有多少死多少。我们把那些落难者放走，把藏于盖得严严实实的盒子的最秘密处的那块床垫抽出来。① 晕头转向的雄蝶们又回到那支长试管里，又钻进了陷阱之中。它们是受到浸透尤物的法兰绒传给玻璃的那种气味的引诱。

我因此便坚信了自己的想法。为了邀请周围的众蝶飞赴婚宴，为了老远地通知它们并引导它们，婚嫁娘散发出一种我们人的嗅觉感觉不出来的极其细微的香味。我的家人们，包括孩子们那最灵敏的鼻子，凑近那只雌性小阔条纹蝶也没有闻出一丝一毫的气味来。

② 雌性小阔条纹蝶停留过一段时间的任何东西都很容易地浸润了这种尤物。因而，这些东西自此也就如雌性小阔条纹蝶一样成为具有同样功效的吸引力的中心，只要它的散发物不消失掉。

③ 没有任何可以用眼看出的诱饵。在求欢者们心急火燎地在围床纷飞的刚刚弄好的纸床上，没有任何看得出的痕迹，也没有一点儿浸润的样子，其表面在浸润了尤物之后与没有浸润之前一样干净整洁。这种尤物配制得很慢，须一点一点地积聚，然后才能充分地散发出去。雌蝶被从其粉床弄走，移到别处，暂时失去了诱惑力，变得冷漠起来；雄蝶们飞往的是因长时间浸润之后的雌蝶栖息地。然而，御座重新放好，被抛弃的女皇又重新掌权了。

信息流通的出现时间有早有晚，根据昆虫品种而定。④ 刚孵出的那只雌性小阔条纹蝶需要一段时间才能

❶叙述说明·········
雄蝶受到气味的引诱，很执着地重回长试管。

❷叙述说明·········
雌性小阔条纹蝶身上分泌着某种物质，从而吸引雄蝶。

❸叙述·············
说明那种吸引雄蝶的东西无法用肉眼识别。

❹举例说明·········
不同品种的昆虫制造传递信息的时间不同。

发育成熟，才能安排自己的蒸馏器似的器官。雌性大孔雀蝶早晨孵出，有时候当晚便有探访者飞来，但更经常的是第二天，经过40来个小时的准备之后才有求欢者。雌性小阔条纹蝶则把自己召唤异性的活动推得更迟，它的征婚广告要等个两三天之后才发布。

让我们稍稍回过头来看看其触角的蹊跷功用。雄性小阔条纹蝶与其婚恋方面的竞争对手一样有着漂亮的触角。把其层叠状的触角视作导向罗盘是否合适？我并无太大把握地对它们进行了我以前做过的那种截肢手术。被动过手术的雄性小阔条纹蝶没有一只再飞回来过。[①] 但也别忙于下结论。我们从大孔雀蝶那儿已经知道，它们的一去不复返有着比截肢结果更加重要的原因。

另外，第二种小阔条纹蝶——苜蓿蛾蝶这种与第一种小阔条纹蝶很相近的蝴蝶，也有着华美的羽饰，它也给我们出了一道难题。在我家附近常常见到它们，就在我的那座荒石园里我都发现过它的茧，极容易与橡树蛾的茧搞混。我一开始就曾把它们搞混过。[②] 我原指望从6只茧中得到小阔条纹蝶，但将近8月末时，我得到的却是6只另一品种的雌蝶。这下可好，在这6只在我家孵出的雌蝶周围，从未见过有一只雄蝶出现，尽管附近无疑就有雄蝶出没。

如果宽大而多羽的触角真的是远距离信息传输工具的话，那为什么我的那些有着华美触角的邻居却未获知在我工作室中发生的情况呢？为什么它们的美丽羽毛饰并未让它们对一些事情发生兴趣呢？而所发生的这些事情本会让另一种小阔条纹蝶纷纷飞来的呀？[③] 这再一次说明器官并不决定才能。尽管有着相同的器官，但某种才能一种昆虫会有，而另一种却并没有。

❶ 说明
表现了作者严谨而科学的研究态度。

❷ 对比
虽然外表相似，类别相同，但功能却不尽相同。

❸ 总结
说明不同昆虫的同一器官的作用很可能不同。

精华赏析

作者先将雌小阔条纹蝶的样子描述出来，然后通过一次雄蝶前来献媚的情况引出疑问，同时开始用实验来证明自己的想法，几经波折，由于一次意外，"我"了解了真相。故事一波三折，引人入胜。

延伸思考

1.恶心的气味让小阔条纹蝶迷了方向没有？

2.雄蝶是如何找到雌蝶的？

相关链接

本章中作者延续了上一章中对蝴蝶的研究，由于之前的大孔雀蝶试验的失败，作者换用了小阔条纹蝶继续进行试验。开头处描述了小阔条纹蝶的外貌特征，并且强调了这种蝴蝶的稀有与著名，为后文做铺垫。作者试图证明气味对它们的作用，用各种带有强烈气味的材料放在雌蝶周围，但是却没能对雄蝶造成任何干扰；随后他又进行了另外的试验，发现被移出的雌蝶很难吸引到雄蝶，反而是雌蝶曾经待过的位置和物体对雄蝶更有吸引力，于是作者的猜想得到证实，明白了雄蝶并不是依靠视觉，而是通过嗅觉来寻找雌蝶。雌蝶会分泌出一种雄蝶能够闻到的气味，它制造的散发物吸引着雄蝶从远方而来。后来作者又通过其他品种的蝶类的试验，证明了不同蝶类的同样的器官却有不同的作用。

菜豆的天敌

名师导读

　　菜豆是一种美味的豆类，被称为"穷人的点心"。"我"一直好奇为什么昆虫不吃菜豆，直到有一天，"我"找到了菜豆的天敌——菜豆象……

❶叙述

　　介绍菜豆的优点，表达对菜豆的喜爱。

❷抒情

　　运用第二人称倍感亲切，印证了它是"穷人的点心"。

　　如果上帝在世间创造过一种蔬菜，那就是菜豆。①菜豆有种种的优点：口感绵软，味道甜美，产量很高，价格低廉，营养丰富。它是植物性的肉，但却不令人看着不舒服、不血腥，不像屠户在砧板上切下的肉那样。为了记住它的好处，普罗旺斯方言称它为"穷人的点心"。

　　②你是神圣的豆子，是穷人的慰藉，你价格低廉，你让劳动者、让从来得不到好运的善良而又有才的人食以果腹。敦厚的豆子，加上两三滴油和一点点醋，你曾是我青少年时代的美味佳肴。现在我已年迈，可你仍然是我那粗茶淡饭中最受欢迎的蔬菜。让我们直到我生命的终结都是好朋友吧。

　　今天，我并不打算颂扬你的功绩，我只想问你一个好奇的问题。你的祖籍是哪里？你是不是同马蚕豆和豌豆一起从中亚地区来的？你是同那些农作物先驱者从他们的小园子里为我们带来的那些种子一起的吗？古人知道你吗？

①公正的、消息灵通的昆虫对此回答道："不，在我们这一带，古人并不知道菜豆。这种珍贵的豆子不是同蚕豆一起经过同样的路径来到我们这里的。它是个外来客，很晚才被引入旧大陆的。"

昆虫的话语值得认真考虑，因为这番话言之有理。情况是这样的，我很久以来一直在关注农业方面的事情，我就从来没有见到有菜豆受到昆虫科中任何一种抢劫者，特别是受到专爱侵犯豆科植物的象虫的劫掠。

我就这个问题询问过我的那些农民邻里。②一涉及其收获物，这些农民就非常警觉。触及他们的财产，那简直是罪不容恕，他们很快就能发现是谁干的坏事。另外，农妇们就在家里，在盘子里一粒一粒地剥出准备下锅的菜豆，她们心细手巧，触到歹徒很快就能把它捉出来的。

喏，他们全都一致地以微笑来回答我所提出的问题，那笑容是在笑话我有关小虫子方面的知识少得可怜。他们说："先生，您要知道，菜豆里是从不长虫的。它是受上帝赐福的一种豆子，象虫不敢伤害它。豌豆、蚕豆、扁豆、山黧豆、小豌豆是都生虫子的。可菜豆是穷人的点心，是从不生虫的。我们是穷苦人，如果虫子也来同我们抢夺它的话，我们可怎么活呀？"

的确，象虫科昆虫确实是瞧不起菜豆。如果大家看看其他的豆类是如何受到它们的疯狂侵害的，那就会觉得这种对菜豆的蔑视极其奇怪了。③所有的豆类，连最小的小扁豆都难逃一劫，而菜豆个头儿又大、味道又

❶语言描写

童话式的语言，带出主角——昆虫。

❷行为描写

这段话从侧面反映了农民观点的可靠性、准确性。

❸提出疑问

作者认为美味的菜豆没有昆虫来吃很奇怪，提出疑问、制造悬念。

美，却安然无恙。这可真让人难以理解。豆象无论好的次的豆粒都毫不犹豫地要吃，为何唯独不吃最美味的菜豆呢？它吃了山黧豆吃豌豆，吃了豌豆吃蚕豆和野豌豆，无论豆粒大小它都感到满意，可偏偏却对菜豆的诱惑无动于衷。这是为什么呀？

显然，它并不了解菜豆。而其他的豆类，无论是当地的还是来自东方却适应了当地水土的，几百年来它都已经很熟悉了。它每年都要尝尝这些豆类是否品质优质，而且深信过去所获得的经验教训，按照古代的习俗对未来做出安排。对于它来说，菜豆作为它根本就不了解其优点的新来者，是令人生疑的。

昆虫完全证实了菜豆属于新来者这一点。它是从很远的地方，肯定是从新大陆来的。任何可食用的东西都会招引一些有意者来食用它。如果菜豆源自旧大陆，它就会像豌豆、小扁豆和其他豆类一样招来自己的消费者。**①** 就连豆类植物中最小的、往往没一个针尖大的还供养自己的豆象——一种矮小的昆虫，它能耐心地咀嚼这种小豆粒，并在其间造窝筑巢，可菜豆却是肥嘟嘟的，味道又美，怎么就被放过了呢？

①运用设问
对菜豆不会招引有意者食用的现象感到困惑。

对这种奇特的豁免权，除下面的解释外没有其他的解释：同土豆和玉米一样，菜豆是新大陆的一件礼物。**②** 它来到我们这里时没有昆虫伴随，它的合乎规定的开发者留在了当地。而在我们这儿的田野里，它遇到了另外一些吃豆粒的昆虫，可这些昆虫又不认识它，所以便对它不屑一顾了。同样，玉米和土豆在我们这儿也未受侵害，除非偶然有从美洲输入的它们的打劫者突然而至。

②解释说明
解释菜豆不被其他昆虫食用的原因。

昆虫上面所说的那番话也由一些古老的经典作者中的证词所证实：在农民们那粗茶淡饭的餐桌上，菜豆从未出现过。在维吉尔的第二首牧歌中，特斯惮利丝为收割庄稼的人准备饭菜，特斯惮利丝的饭菜丰盛多样。

多种多样的饭菜如同普罗旺斯人爱吃的蒜泥蛋黄酱。这写在诗中很美，但却华而不实。这儿的人爱吃的是抗饿的食物——用切成细丝的洋葱拌的红菜豆。这种菜看好极了，既保持了乡村风味，又能填饱肚子，不比大蒜差。填饱肚子之后，收割庄稼的农民们在露天地里，在麦堆的阴凉处，小睡一会儿，慢慢地消食。我们现代的特斯惮利丝们同她们古代的姐妹们没有多大差别，很留意不忘记那穷人的点心，不忘记大肚汉们的这种经济实惠的好吃的东西。①诗人笔下的特斯惮利丝没有想到这一点儿，因为她不了解穷苦的大肚汉。

维吉尔还向我们描述了殷勤招待自己的朋友梅里贝住了一夜的蒂迪尔：梅里贝被渥大维的士兵赶出家园，一瘸一拐地跟在羊群后面离去。蒂迪尔说："我们将会有栗子、奶酪、水果的。"这则故事没有说明梅里贝是否被诱惑了，这很遗憾。②但在这顿清淡的饭菜中，我们清楚地得知古代的牧羊人是没有菜豆可充饥的。

奥维德在一个美妙动听的故事中向我们讲述了菲雷蒙和波西斯款待他们陋屋的客人——两个不认识的神明的情景。在用一块瓦片垫稳的三条腿的餐桌上，他们端上来圆白菜汤，在热炉灰里焙了一会儿的鸡蛋，在盐卤中腌渍的小冠花、蜂蜜、水果等。在这些美味的乡村食物中，缺少我们农村里的波西斯们不会忘记的一道主菜。在猪肉汤之后，必然要上一盘菜豆。擅长描写细腻情节的奥维德因为什么而没有提到非常适合放在菜单中的菜豆呢？原因是一样的：他大概不知道有这种豆子。

我回忆了我读到的有关古代农村膳食的那一点点知

📖读书笔记

❶议论
诗不一定是现实生活的反映，它美化了现实生活。

❷概括总结
证实菜豆是新品种。

📖读书笔记

❶叙述说明

说明菜豆并不存在于古代的膳食中，证明了"我"的猜想。

❷叙述

写出了菜豆的稀少及不受关注的特点。

❸抒发感情

表现出菜豆的怪诞，同时引出下文对"菜豆"名字的翻译。

❹细节描写

各地对菜豆的称呼不同却又相似。

识，但一点儿结果都没有，想不起有菜豆什么的。① 在葡萄种植者和收割庄稼的农民的砂锅里，倒是提到了羽扇豆、蚕豆、豌豆、小扁豆，唯独没有这种优质的菜豆。

另外，豆子享有美名。有人说："它让人吃着开心，你吃了之后，就去放松放松。"因此，它适合黎民百姓用它来说些粗俗的玩笑，特别是当这些玩笑由一个像阿里斯托芬和普劳图斯这样的天才不顾廉耻地说出口来，就更是这样了。对蚕豆吃多了能让人放屁的隐喻会产生什么样的舞台效果呀！雅典内河航船上的水手们和罗马的挑夫们听了会发出多么朗朗的笑声啊！这两位喜剧大师在他们忘乎所以时，用一种不如我们的语言那么雅致的语言谈到了菜豆了没有？② 根本没有。他们对这种也能引起声响的豆子只字未提。

菜豆一词本身就发人深省。这是一个很怪的词，与我们的词汇无亲缘关系。它的形态与我们的音节组合不一样，使我们在脑子里联想到加勒比海地区的方言俚语，比如橡胶和可可。菜豆一词确实是源自美洲的印第安人吗？我们是否连同这种豆子一起接受了或多或少保留着其乡土气息的名称？也许是这么回事，但这又怎么能知晓呢？③ 菜豆，怪诞的菜豆，你向我们提出了一个奇怪的语言学方面的问题。

④ 法语称菜豆为 fasée，flageolet；普罗旺斯方言称它为 faioū 和 favioū；卡塔卢西亚语称它为 fayol；西班牙语称它为 faseolo；葡萄牙语称它为 feyão；意大利语称它为 fagiuolo。为此，我在想，拉丁语系中的各种语言虽然词尾都必不可免地有所变化，但却保存了 faseolus 这一古词。

如果我查阅收集到的词汇卡片，我就能找到表示

"菜豆" 的词汇如 fasdus, faseolus, phaseolus 等。词汇学者, 请允许我告诉您：您翻译得不妥, faselus, faseolus 不能表示 "菜豆"。我有不容置疑的证据：维吉尔在他的农事簿中告诉我们什么季节适合种 faselus。他说道：

> 如果想种 faselus,
>
> 那就等着牧羊星座,
>
> 把黑夜的征兆传达给你,
>
> 你就开始播种,
>
> 继续耕作至一周期之中间。

① 没有什么能比这位深谙农事的诗人的告诫更清楚的了：必须在夕阳西下牧羊星座消失的时期, 也就是说将近10月底开始播种faselus, 直到降霜中期才停止耕耘。

按这种说法, 菜豆则与之无关, 菜豆是一种弱不禁风的植物, 稍一受冻就忍受不住了。冬季对它来说是要命的季节, 即使是在意大利南方的气候条件下。而豌豆、蚕豆、山藜豆和其他的豆科植物则不然, 由于其发源地的关系, 它们能够抵御寒冷, 秋季播种, 冬季长势旺盛, 只要不是太冷就行。

那么,《农事诗》中的 faselus 这种把其名称传给拉丁语各种语言中的 "菜豆" 的有争议的豆子到底是何物呢？鉴于诗人在诗中曾用 "鄙俗" 一词来贬斥它, 我不由得想起了应该是指黧黑豆, 也就是普罗旺斯农民不怎么欣赏的那种煤玉豆。

我正在作如是想, 突然, 一份意想不到的资料替我把这个谜的谜底彻底揭开了。又有一位诗人, 也就是那位闻名遐迩的约瑟——玛利亚·德·埃雷迪亚帮了博物学家一把。我的一位朋友, 村里的小学老师, 给了我一

❶解释说明·········
　　这段话表明faselus 并不是菜豆, 不能被译为菜豆。

📖读书笔记

📖读书笔记

本小册子，他没料到这竟然帮了我的大忙。我在这本小册子里读到这位十四行诗的名家与一位询问他最喜欢的作品是哪一部的女记者的如下的一番对话：

诗人说："您让我怎么回答您呢？我很犯难的……我不知道自己偏爱的是哪一首十四行诗，我写所有的诗时都殚精竭虑，耗尽心血……您呢，您更喜欢哪一首呀？"

❶语言描写

运用比喻，体现了诗人诗句的精湛、优美。

①"亲爱的大师，件件珠宝都美不胜言，怎么可能从中进行挑选呢？您让珍珠、绿宝石、红宝石熠熠生辉，看得我目不暇接，我又怎么可能决定喜欢绿宝石而不喜欢珍珠呢？整条项链都让我爱不释手。"

"对！可我，有一件事却使我对它比对我所有的十四行诗都感到自豪，而且它比我的诗更让我享有荣誉。"

女记者瞪大了眼睛问道："是什么事？"

大师狡黠地看了看女记者，然后，眼睛充满了得意的亮光，脸上洋溢着青春的光芒，大声说道："我找到了菜豆一词的词源！"

❷神态描写

表现出女记者惊讶的样子，她认为大师的回答太不可思议了。

②女记者惊愕得都忘了哈哈大笑了。

"我跟您说的可是正经的事呀！"

"亲爱的大师，我早就知道您享有盛名，学识渊博，但我却并未因此而联想到您会为找到菜豆这个词的词源而感到无比自豪。啊！不，不，我未曾料到是这么回事，您能告诉我您是怎么发现的吗？"

❸叙述

菜豆在墨西哥的种类很多，它之前的名字也并不叫"菜豆"。

"当然。是这样，我在研读埃尔南德斯的16世纪的那本自然史佳作《新世纪植物史》时，找到了一些有关菜豆的资料。直到17世纪以前，菜豆这个词在法国尚不为人所知。③大家一直把它称为'蚕豆'或'菜豆属'，而墨西哥语中则有'阿雅科特'（ayaeot）一词。墨西哥在被征服之前，那儿就种植有 30 种菜豆。今天，那儿的人仍然称这 30 种菜豆，特别是那种带红斑或紫斑的红菜豆为阿雅科特。有一天，我在加斯东·帕里斯家中遇上一位大学者。<u>①他一听见我的名字，便走上前来问我是不是找到了菜豆这个词的词源。他一点儿也不知道我也写过诗，还出版过《战利品》这部诗集……"</u>

啊！把十四行诗这一块宝置于菜豆之下，这可真是绝妙的俏皮话！该我因阿雅科特一词而心花怒放了。我怀疑菜豆这个怪诞的词中有印第安语的成分该是多么在理呀！以自己的方式向我们证实这种珍贵的种子源自美洲大陆的昆虫真是言之凿凿！蒙特儒马的蚕豆，阿兹特克人的阿雅科特，在几乎保留着自己原始的名称的同时，从墨西哥来到了我们的菜园子里。

但是，它没有由其消费者——昆虫陪伴着来到我们<u>这里。②而在它的故乡，肯定应该有一种专门征收这种丰产豆子的税的象虫科昆虫。</u>我们土著的豆粒消费者不接受这个外来者，它们还没来得及与这个外来者熟悉起来，来不及评价其优点；它们谨慎小心地克制着，不去碰这个因其新来乍到而颇受怀疑的阿雅科特。因此，直到今天以前，这种墨西哥蚕豆一直安然无恙，这与我们的其他豆子全然不同，其他豆子全都被象虫所侵害。

<u>③这种状况没能持续下去。如果说我们的田间地头没有喜爱这种豆子的昆虫，那么新大陆却有它的爱好者。通过商业交易，某一天总会有这么一两袋生虫的菜豆给我们把它带来的。这是不可避免的事。</u>

根据我所掌握的资料，新近的这种入侵似乎不乏其

❶行为描写········
　　菜豆的名声大过诗人的诗集名声。

❷叙述说明········
　　"我"认为在菜豆的本土肯定有一种昆虫以它为食。

❸举例说明········
　　这段话从侧面证实了"我"对菜豆不受象虫侵害原因的猜测。

❶叙述

　　表现出"我"的执着，同时也交代"我"得到了自己想找的东西。

❷语言描写

　　朋友的话更加证实了"我"的猜测：菜豆有虫！

❸物体描写

　　描写黑菜豆成熟时的样子，长势很好。

例。①三四年以前，我从罗讷河口地区的马雅内弄到了我一直在我家附近徒劳地寻找的东西。我当时在寻找时曾问过家庭主妇和农民，他们对我所提的问题感到十分惊讶。他们谁都没有见过什么菜豆虫，也从来没有听说过有这种虫。我的一些朋友听说我在寻找这种虫子，给我从马雅内寄来了可以说是大大地满足了我的博物学者好奇心的东西。那是一斗受到严重蛀蚀的菜豆，千疮百孔，简直像是海绵状。这些豆子里蠕动着无以计数的一种象虫，小得就像小扁豆中的小象虫。

　　②寄豆子来的那些朋友跟我谈到在马雅内所遭受的损失。他们说，这种可恶的虫子毁掉了大部分庄稼。真是一种从没见过的大灾害，把菜豆给毁得差不多了，几乎让主妇们没有菜豆可供煮食了。至于这罪魁祸首的习性、活动情况，大家都不清楚。这得由我去进行实验，以便搞清是怎么个情况。

　　得赶快进行实验。环境和条件很适合做实验。现在是 6 月中旬，我的园子里有一块地上长着早熟菜豆，是比利时黑菜豆，是种了自家吃的。即使损失了这宝贵的豆子，也得把这可怕的虫子放到这片绿色植物上去。根据我所看到的豌豆象的情况来判断，③这些比利时黑菜豆已经成熟：枝繁叶茂，豆荚也十分饱满，青翠欲滴，大小不一。

　　我在一只盘子里放了两三把马雅内菜豆，并把在太阳下蠕动着的一堆虫子放在比利时黑菜豆地边儿上。将要发生的情况，我觉得我已猜到了。获得自由的虫子和很快就被阳光刺激而解脱的虫子将会飞起来。它们将

注释

罪魁祸首：犯罪作恶的为首分子。魁，为首的；居第一位的。

在附近寻找供养它们的植物，然后便停在上面，据为己有。① 我将看到它们探测豆荚和豆花；无须等得太久，我就会看到它们产下卵来。豌豆象在这样的条件下，也会这么做的。

可是，事情并非如此。我很困惑，为什么情况与我预料的会不一样？昆虫们在太阳下动来动去了有几分钟的工夫，微微张开鞘翅，然后又闭合上，以利飞行机械的运行，然后便起飞了，一只又一只；它们飞向明晃晃的空中；它们慢慢飞远，不一会儿便不见了踪影。我一个劲儿地紧盯着，但一无所获，飞走的一只也没停在菜豆上。

获得自由的欢快满足了之后，它们今天晚上、明天、后天还会飞回来吗？② 没有，它们没有飞回来。整整一个星期，我都在最佳时刻检查一垄一垄的菜豆、一朵一朵的花、一个一个豆荚，挨个儿地查了一遍，都没见着有菜豆象，也没发现有虫卵。可是，这正是产卵的有利时期，因为此刻被我困于短颈大口瓶内的孕妇们正在把它们的卵大量地产在干菜豆上。

我们换个季节再试一试。我安排了两块地，种上了晚熟菜豆——红科科特豆，有的是为居家食用的，但首先是为菜豆象准备的。这两块地相隔开来，弄成梯形，一块 8 月成熟，另一块 9 月或更晚些时间成熟。

我用红菜豆重新进行先前用黑菜豆所做的实验。我多次适时地把一窝一窝菜豆象放进绿叶丛里。它们是从总货仓——我的短颈大口瓶里取出来的。每次的结果都宣告失败。③ 整个收获季节里，我几乎每天都在延长研究的时间，直到两次收获全部结束，全都以失败告终。我到最后也没能发现一只有虫子占据的豆荚，甚至连一

❶叙述

先想"我"预料将会看到的景象，与后文不一样的情况形成对比。

❷叙述

这些菜豆象一只也没有飞回来，这究竟是怎么回事呢？

❸叙述

说明为了研究这个实验，"我"花费了很长时间和心血。

只在植物上驻足的象虫都没看见。

但我并未中断监视。我还嘱咐我的家人尽心尽力地看管我为自己研究所专门种植的那几垄地，并要他们采摘时留意豆荚上可能会有卵。我自己则先用放大镜仔细查看之后再把豆荚交给妻子去剥豆。①但这都是在白忙乎，哪儿也未见菜豆象卵的踪迹。

❶设置悬念

几次实验都在意料之外，令人费解，到底是什么原因让菜豆象对"我"的菜豆毫无兴趣呢？

我除了在露天地里做这些实验，还在玻璃瓶子里做过一些实验。我用长形瓶子装了一些还挂在枝上的新鲜豆荚，有一些是青翠碧绿的，另有一些呈胭脂红色，里面的豆粒接近成熟。每只瓶子里都放了不少的菜豆象。这一回，我获得了一些菜豆象卵，但我对这些卵不太有信心：菜豆象妈妈把这些卵产在了玻璃瓶内壁上，而不是产在豆荚上。但不要紧，反正它们也在孵化。②我看见孵出的幼虫游来荡去了几天，以同样的兴奋劲头儿探测豆荚和瓶子内壁。最后，它们一个个全都悲惨地死了，没有触动放在瓶内的那些食物。

❷交代结果

同样的虫子，同样是菜豆，结果却大不一样。

这种结果是必然的：鲜嫩的菜豆并非它们所爱。与豌豆象相反，菜豆象不愿把自己的孩子们托付给不是自然成熟和因干燥而变硬的豆荚；它不屑于在我的苗圃上停留，因为它在那儿找不到它所需要的食物。

❸设问

通过设问和实验，解释了"我"前几次实验中菜豆未受侵害的原因。

那么，它到底需要些什么呢？③它需要老的、硬的、掉在地上像石头子儿似的嘭嘭响的豆子。我马上就满足它。我在我的玻璃瓶里放进一些熟透了的、硬邦邦的、经太阳长时间照射而晒干了的豆荚。这一回，菜豆象人丁旺盛，幼虫们在干干的豆荚壳上，触到了豆粒，在豆粒上进行钻探，这之后，一切都如愿地在发展。

从观察到的情况看来，菜豆象就是如此这般地侵入农民们的谷仓的。收获时，农民在田野里留下了一些菜豆，让太阳把枝茎和豆荚晒得又干又透，这样一来脱起粒来就容易得多。也就是在这个时候，菜豆象找到了自己中意的东西，便在上面产下卵来。① 农民们稍后把豆子收回去时，顺带着也把其侵害者带回家中。

不过，菜豆象主要是吃我们存入谷仓的豆子。同专爱嚼咬粮仓中的麦粒而不喜欢田野里麦穗上的麦粒的象鼻虫一样，菜豆象也讨厌鲜嫩的谷粒而喜欢定居在谷堆上那又暗又静的环境之中。② 这虽说是农民的敌人，但更是储粮商的可怕的敌人。

这种侵害者一旦在我的宝贵的谷仓中安顿下来，它们的破坏劲儿可大着哩！③ 我的小瓶子就充分地证明了这一点。光一粒菜豆上面就住了一大家子，常常有20来个。而且还不只是一代，一年之中足有三四代安居其上。只要是豆皮下有可食物质，就有新消费者定居其上，直吃到菜豆粒只剩个空壳，惨不忍睹。豆粒表皮幼虫不屑去吃，最后成了一个满是窟窿眼儿的空袋子。而袋内的物质用指头一触，便立即成了一摊令人作呕的粉状物团团。菜豆被完全毁坏光了。

④ 豌豆象是一粒豌豆上只有一只，它只吃掉为自己挖掘狭小的孵化室所必须弄掉的物质，而其余部分则完好无损。因此，豌豆粒仍可发芽，并且还仍可以食用，只要你不厌恶就行。再说，这也没什么可以觉得厌恶的。美洲的菜豆象则不会这么手下留情，它要把自己那颗豆子吃个干干净净，只剩下一堆连猪都不吃的垃圾。美洲在把它的昆虫灾害给我们带来时，可是来势凶猛的。美洲就曾给我们带来过根瘤蚜这种害人不浅的虱子，我们的葡萄种植者们一直在同这种害虫进行斗争；今天，美洲又给我们带来了菜豆象，这将给未来造成严

❶叙述
这些侵害者进入了谷仓。

❷总结
说明菜豆象的危害大，喜欢破坏储存的粮食。

❸细节描写
表明菜豆象破坏力极大。

❹对比
通过对比突出了菜豆象的厉害，破坏力极大。

重的威胁。我做了几次实验，可以看出其危害之严重。

①将近三年以来，在我的昆虫实验室的桌子上，大大小小的瓶子排列了好几十只，全都是由纱罩罩住瓶口的，既可防止入侵者，又可让空气保持流通。这些瓶子是我的野兽笼子。我在瓶子里培育菜豆象，并随意改变其饮食供应。我从这些瓶子中特别获知菜豆象对居所的选择并非是专一的，除了几个罕见的例子而外，它们对我们的各种豆子都很适应。

②各种菜豆，无论白的和黑的、红的和杂色的、大的和小的、当年收获的和好几年前收获的几乎都煮不烂的，都适合于菜豆象。脱了粒的菜豆则更受青睐，因为容易侵入。但是，如果脱了粒的不足时，有豆荚保护着的豆粒也同样受到菜豆象的喜爱。刚孵化出来的幼虫会钻透往往又皱又硬的豆荚触及豆粒。在田间地头，菜豆象就是这样侵害菜豆的。

长荚果扁豆的优良品质也得到菜豆象的认可。这种扁豆在我们这里称作独眼菜豆，因为在豆荚的梗洼处有一黑点，好似带眼囊的眼睛，因此而得名。我甚至在我的那些菜豆象寄宿者中间看出它们对这种扁豆更加情有独钟。

直到这时之前，没有出现任何异常情况：菜豆象没有越出菜豆属植物这一食物范围。但是，这之后，情况变得危险了，菜豆象向我展示出它的意想不到的一面。③它毫不犹豫地去吃干豌豆、蚕豆、山鬓豆、野豌豆、鹰嘴豆，总是津津有味地从这一种吃到那一种。它的孩子们同吃菜豆一样，吃这些豆类也吃得膘肥肉壮的。唯独小扁豆不受欢迎，也许是因为小扁豆个头儿太小的缘故。这种美洲来的象虫科昆虫真是个可怕的侵害者！

❶叙述说明
交代"我"用来装昆虫的瓶子。

❷叙述说明
反映了菜豆象对各种菜豆都很适应。

读书笔记

❸概括总结
菜豆象对豆类食物毫不挑剔，不仅破坏力强，而且破坏范围广。

如果像我一开始所担心的那样，菜豆象总这么贪吃，从豆类吃到谷物，那灾害就更加严重了。但并未严重到如此地步。居于我的短颈大口瓶，与小麦、大麦、稻谷、玉米等在一起的菜豆象全都无一例外地没留下后代便死去了。它同油性种子，如蓖麻、向日葵等在一起时情况也是如此。① 除了豆类，再没有别的什么适合菜豆象的。尽管有此局限，但它的胃口仍是一种大胃口，而且吃起来极其疯狂，祸害不浅。

② 它的卵是白色的，呈小圆柱形。产卵无序，对产卵地点也不做任何选择。菜豆象妈妈产卵时，或只产下一个，或产下一小堆，既产在短颈大口瓶的内壁上，也产在菜上。在粗心大意时，它甚至把卵产在玉米、咖啡、蓖麻和其他种子上，孩子们因在其上找不到合乎口味的食物而很快死去。在这里，妈妈的远见又有何用？卵只要是下在豆荚堆中的任何地方，都是合适的，因为新生儿自己会去寻觅并找到侵入点的。

卵顶多五天就孵化。刚孵出来时是个棕红脑袋的白色小家伙，是个勉强可以看得出来的一个小点点。③幼虫上身鼓起，让自己的工具——大颚这个圆凿更加有力，因为它要利用这一工具在坚硬如木头似的种子上钻孔。树干上的矿工——吉丁和天牛的幼虫也是这么挺着上身的。小爬虫一出生便以一种我们不相信这么小小年纪就会有的积极劲头儿随意地闲逛着，它这是想着尽快地找到栖身之所和食物。

一到第二天，大部分幼虫都办好自己的事了。我看见它们在种子的坚硬表皮上钻孔；我观看着它们的执着劲头儿；我还偶然看到幼虫半个身子下到刚凿出一点儿的坑道的开口处，坑口边有白色粉末，那是钻孔时弄出的粉屑。它钻进洞中，钻到种子的中心部位。5个星期

❶叙述

说明菜豆象在食物方面有着局限性，它们只吃豆类。

❷说明

这段话交代了菜豆象的卵和产卵的特点。

❸介绍说明

介绍幼虫的特点以及它的工具的用途。

读书笔记

后，它长大成为成虫后再爬出洞来，因为它长得很快。

❶解释说明 ⋯⋯⋯⋯
这段话表现了菜豆象繁殖力之强和繁殖速度之惊人。

①菜豆象的快速发育成长使它一年能有好几代。我就见过四代。另外，单单一对夫妇便给我提供了 80 个孩子。我们就只按一半来统计，因为夫妇双方是两只虫，我是按两个性别的等量加以计算的。那么，到了年底，这第一对夫妻所生之后代就将是 80 的 4 次方。那么，幼虫时期的菜豆象总数就是 500 多万只。这么一个强大的军团要糟蹋掉多大一堆菜豆呀！

❷概述说明 ⋯⋯⋯⋯
概括地写出了菜豆象在菜豆内发育、生长的过程。

菜豆象的本领从各个方面来看，都与我们所了解的豌豆象并驾齐驱。②每只幼虫都在菜豆内为自个儿凿个小屋，但并不伤及菜豆的表皮这个保护屏障。待长成成虫要出去时，只需稍稍一顶，封盖便会脱落。到了蛹的末期，一个个的小屋宛如暗淡的星星似的在菜豆表面上闪现。最后，封盖脱落，幼虫爬出屋外，菜豆上留下一个个小洞，里面有多少幼虫就有多少个小洞。

❸叙述 ⋯⋯⋯⋯⋯
说明菜豆象要将食物全部消灭干净的特点。

③尽管菜豆象成虫吃得很少，有点粉质碎屑就足够了，但在这大堆的食物上只要有可供利用的东西，它似乎就不想弃之而去。

❹行为描写 ⋯⋯⋯
温度是菜豆象产卵的一个重要条件。

它们在菜豆堆中交尾，菜豆象妈妈随意地在菜豆上产卵，孩子们在菜豆中安顿下来，有的住在完好无损的豆粒里，有的则栖息于被钻了洞但并未被吃光耗尽的豆粒中。每隔 5 个星期，在美好的季节里，就有新的幼虫重新开始钻来钻去。④最后，最后的那一代，也就是 9 月或 10 月的那一代，便得在小屋中昏昏欲睡，等待热天的归来。

如果菜豆的毁坏者一旦变得过分危险，对它们进行一场歼灭战并非难事。从它们的生活习性中我们得知应采取什么手段。它以收回来存在谷仓里的干燥豆类为食。

在田间地头是很难对付它的，而且也是很难奏效的。它干坏事主要是在我们的谷仓里。这时候，敌人就待在我们家里。在我们力所能及的范围内，只需用农药喷洒，很容易就能将它们除尽。

精华赏析

作者先用大量的笔墨来介绍菜豆，表现出它的美味，从而引出菜豆上为什么没有虫的问题。通过一番探索，最后引出本文的主人公——菜豆象，并介绍了菜豆象强大的破坏能力。

延伸思考

1. 菜豆有哪些优点？
2. 菜豆象以什么为食？

相关链接

本章主要讲述了菜豆和菜豆象的关系。作者在开头用第二人称来描写菜豆，把菜豆当作自己多年的好友，显得亲切而又熟悉，表现出作者对菜豆的喜爱。随后用其他豆类与菜豆进行比较，提出疑问：为什么其他的豆类都会被虫吃，但菜豆却没有天敌？作者围绕这个问题收集了多方面的资料，包括各种与菜豆有关的文书资料和故事等，最后得出结论是因为菜豆属于外来物种，但它的天敌并没有随之一同来到这里。作者后来收到了朋友寄来的被虫蛀过的菜豆，他用从中采集出来的菜豆象进行了多次试验，发现这种昆虫喜爱熟透了的、干燥的菜豆，并且对各种不同的菜豆来者不拒，后期更是发现它们对其他的一些豆类具有同样的破坏力，并且繁殖能力异常惊人，它们能够对收入谷仓中的菜豆造成极大损害。

昆虫特征

泥水匠蜂

名师导读

　　美丽聪明的泥水匠蜂，由于怕冷的本性，聪明地在各种温度高的地方选择筑巢点，以蜘蛛为食，而对于外界的侵袭，却愚蠢而盲目。这群可爱的小东西来自哪里呢？

一、选择造屋的地点

　　有很多种昆虫都非常喜欢在我们的屋子旁边建筑它们的巢穴。在这些昆虫中最能够引起人们兴趣的，要首推那种叫泥水匠蜂的动物了。① 为什么呢？主要是因为，泥水匠蜂有着十分美丽而动人的身材、非常聪明的头脑，还有一点应该注意的就是，它那种非常奇怪的窠巢。

　　但是，知道泥水匠蜂这种小昆虫的人却是很少的。甚至有的时候，它们住在某一家人火炉的旁边，这家人对这个小邻居却一无所知。② 为什么呢？主要是由于它那种天生就具备了的安静和平和的本性。的确，这个小

❶设问 ....
　　自问自答，交代了泥水匠蜂引人注目的原因。

❷设问 ....
　　泥水匠蜂生性安静平和。

东西居住得十分隐蔽，很难引起人们的注意。因此，连它自己的主人都不知道它就住在自己的家里，算得上是家庭成员之一。然而，讨厌吵闹且特别怕麻烦的人类，和这些隐蔽性很强的小动物相比，要想使它出名，倒是件很容易就能达到的事情。现在，就让我来把这个谦逊的、默默无闻的小动物介绍一下吧！

①泥水匠蜂非常怕冷。它搭建起自己的帐篷，在那帮助橄榄树苗壮成长、鼓励着蝉儿纵情高歌的太阳光下建筑自己的安乐之居。甚至有的时候，为了它们整个家族的需要，为了让大家都觉得比在阳光下更加温暖舒适一些，它们常常找到我们人类的门上，要求和我们一起做伴。②不用敲开人们的大门，询问一下主人是否同意它们和大家同住在一个屋檐下，便自作主张，举家迁移进来，并且定居下来享受生活。泥水匠蜂平常的居所，主要是一些农夫的单独的茅舍。

在那茅屋的门外，大部分都生长着一些高大挺拔的无花果树。这些果树的树荫遮盖着一口小小的水井。泥水匠蜂在具体确定它的住所的时候，主要会选择一个能够暴露在夏日里的炎热之下的地点。并且，如果有可能的话，最好能够有一只大一点儿的火炉，还要有一些能够燃烧使用的柴火，这些条件对于泥水匠蜂而言都是必要的，不可缺少的。

③这是由它的天性所决定的。到了寒冷的冬天的夜晚，火炉中喷射出来的温暖无比的火焰，对于它的选择，有着十分重要的影响。因此，每当看到从烟筒里面冒出来的黑烟，泥水匠蜂就会欣喜若狂，因为它们知道那里便是一个可以选择的地方，那里将会提供给它们所必需的温暖与安逸。

❶说明 ••••••••••••••
　　介绍泥水匠蜂的一大特点——怕冷。

❷行为描写 ••••••••
　　表现出泥水匠蜂的大胆和自作主张。

❸概括总结 ••••••••
　　温度是泥水匠蜂选择建巢地点最主要的因素。

但是，相反的，要是烟筒里面并没有什么黑烟的话，那么它是绝对不会信任这种地方的，也绝对不会选择这样的地方来建筑自己的家。

①因为泥水匠蜂会利用它的头脑做出判断，这间屋子里的主人们一定是在里面忍受着饥寒交迫的悲惨境遇。

❶解释说明

这段话充分表现了泥水匠蜂的聪明。

在七八月里的大暑天中，这位小客人忽然出现了。它在找寻着适合它做巢的地点。泥水匠蜂一点儿也不为这间屋子里面的一切喧闹行为所惊动和扰乱。

而住在屋子里的人们也一点儿都注意不到它。他们互相都没有注意到，因此也就互无干扰了。泥水匠蜂只不过在有的时候利用它那尖锐的目光，有的时候又利用它那灵敏十足的触须，视察一下已经变得乌黑的天花板、木缝、烟筒等。

❷行为描写

这段话表现了泥水匠蜂选择筑巢地点的谨慎、细致。

②但是，特别受到它关注的是火炉的旁边。这是它从不轻易放过的地方。甚至，它连烟筒内部都要仔仔细细地视察一遍。它可是一种细致入微的小动物，一旦视察工作完毕，并且已经决定了建巢的地点以后，它们便立即飞走了。

然而，不久它就会带着少量的泥土又飞回来，开始建筑它的房子的底层了。于是，筑造家园的工作便正式破土动工了。

泥水匠蜂所选择的地点各不相同，也是非常奇怪的一个特点。③炉子内部的温度最适合那些小蜂了，因此，泥水匠蜂所中意的地点，至少得是烟筒内部的两侧，其高度大约是20寸或者差不多的地方。

❸叙述说明

介绍了泥水匠蜂选择的住所所在的位置。

不过，尽管这个地点可以说是一个非常舒服的藏身之妙处，但是，世上没有十分完善的东西，它也有不少的缺点。

由于巢是建在烟筒的内部的，那么自然便会有烟在里面。如果烟喷到蜂巢上面，那么，巢中的泥水匠蜂就会被"污染"了，会被弄成棕色的或者是黑色的，就好像烟筒里被熏过的砖石一样。假使火炉里的火焰烧不到蜂巢，那还不是一件最要紧的事。最重要的事是小黄蜂有可能会被闷死在黏土罐子里。不过，不用替它们担心，它们的母亲似乎早就已经知道这些事情了，因为这位母亲总是把它自己的家族安排在烟筒的适当位置上。它们选定的位置非常宽大。在那个地方，除了烟灰，其他的东西都是很难到达的。

①虽然泥水匠蜂样样都当心，时刻都仔细、谨慎，但是"智者千虑，必有一失"，它如此认真，还是有一件很危险的事情在等待着它们。

这件事有的时候会发生，那就是当泥水匠蜂正在建造它的房屋的时候，如果在这个关键时刻，有一阵蒸汽或者是烟幕的侵扰，那么，它刚刚造成一半的房子，便不得不半途而废。

于是，它们要么停工一些时候，要么就全日停工不干。②特别是在这家的主人在煮饭、洗衣服的日子里，这种事情发生的可能性最大，危险性也最大。一天从早到晚，大盆子里不停地滚沸着，炉灶里的烟灰、大盆和木桶里面的大量蒸汽，一起混合成为浓厚的云雾。这给蜂巢造成了严重的威胁。这个时候，泥水匠蜂就会面临着家毁人亡的危险。

我以前曾经听别人说过，河鸟在回巢的时候，总是要飞过水坝下的大瀑布。这一点听起来会让人觉得河鸟已经算得上是一种相当有勇气、有胆量的小动物了。

③但是，与之相比的泥水匠蜂也毫不示弱，甚至，

读书笔记

_____

_____

_____

❶承上启下

聪明谨慎的泥水匠蜂会面临什么样的危险呢？

❷叙述说明

交代了泥水匠蜂所面临的巨大危险。

❸对比

通过对比突出泥水匠蜂的勇敢和筑巢的艰难。

读书笔记

它的勇敢已经超过河鸟。它在回巢的时候，牙齿间总是要含着一块用于建造它的巢穴的泥土。要想到达它的施工工地，它要从浓厚的烟灰的云雾中穿越过去。

但是，那层烟幕简直太厚重了，泥水匠蜂冲进去以后，就完全看不见它那小小的身影了。虽然看不见它那小小的躯体，但是能够听见一阵不太规则的呜呜的声音。这是什么声音呢？这不是别的什么声音，这是它在一边工作，一边低唱的歌声。因此，我们可以断定，泥水匠蜂肯定还待在里面，而且它很快乐，高高兴兴地从事着它的本职工作，不知劳苦地建筑着它自己的住所。看得出来，它对自己的劳动很满意，也很乐意从事这项工作，在这层厚厚的云雾里，它很神秘地进行着它自己的工作。忽然，低低的劳动之歌停止了。

不一会儿它飞出来了，从那层充满神秘色彩的浓雾里飞出来了。它安然无恙，什么伤也没有。毕竟这是它的本能嘛！

① 解释说明
反映泥水匠蜂建巢的不易。

① 差不多每天它都要经历很多次这种十分危险的事情，直到它把巢最终建好，把食物都储藏好，最后把自家的大门关上为止。然后，它才休息一下。这个小东西为了自己的家园也真够不辞辛苦的了！

每一次，只有我一个人能够看到泥水匠蜂在我的炉灶里不停地忙碌着，建造住所，储备食物。这大概是因为我比较细心。

记得我第一次看到它们的时候，是有一天我在煮饭、洗衣服的时候。本来，那个时候，我是在爱维浓

注释
安然无恙：原指人平安没有疾病，后泛指平平安安，没有受到任何损伤。恙，病。

（Avignon）学院里教书的。那天，时间已经将近两点钟了，几分钟之内，外面就会敲鼓催促我去给羊毛工人们做演讲了。

就在这个时候，忽然，我看见了一个非常奇怪而且轻灵的小昆虫。它从由木桶里升腾起来的蒸汽中穿飞出来。

①这只小动物的身体很有意思，当中的部分非常的瘦小，但是后部却是非常肥大的。而这两个部分之间，竟然是由一根长线连接起来的。多么奇妙的小东西啊！

这个小东西就是泥水匠蜂，这是我第一次没有用观察的眼光来看它。于是，便有了第一印象。

在初次相识之后，我对家里的这个小客人一直抱有非常浓厚的兴趣。②我非常热心地希望能和这个小不点儿客人互相熟识，做一些交流。

于是，我便嘱咐我的家人，在我不在家的时候，不要去主动打扰它们，破坏它们的正常生活。瞧，我多么注意保护这个没有受到邀请的不速之客呀！事情发展的良好态势已然胜过了我所希望的那样。

当我回到家里的时候，发现它一点儿也没有受到打扰，而且一个个都安然无恙。它仍然待在蒸汽的后面，努力地进行着它自己的工作，为自己的家而辛苦。

由于我想要观察一下泥水匠蜂的建筑以及它的建筑才能，还有它的食物性质以及幼小黄蜂的进化及其生长过程等。因此，我把炉灶中的火焰给弄灭了。

我这样做的目的主要是减少烟灰的量。差不多将近两小时，我非常仔细地注视着它。③但是，从这以后，不知道是什么原因，差不多将近40年，我的屋子里，再也没有这样小的客人光临了，一点儿也见不到它们的

①外观描写
泥水匠蜂的外部特征非常奇特。

②拟人
运用拟人，突出"我"对这些泥水匠蜂的重视。

③叙述
自从上次将火焰灭了以后，泥水匠蜂再也不来这里了。

踪影了。

有关泥水匠蜂进一步的知识，我还是从我的邻居家的炉灶旁边的蜂巢里得出来的。通过细心观察我发现，在这个小小的动物身上，有一种十分孤僻流浪的习性。这一点，使得它和其他大多数黄蜂以及蜜蜂是不尽相同的。

① 一般情况下，它总是选择好一个地点，自己筑起一个显得特别孤独的巢穴。

❶概括总结

这两段话证实了泥水匠蜂孤僻流浪的习性。

同时，在泥水匠蜂自己养活自己的地方，是很少能见到它自己家族的成员及亲属的。在距离我们城南不远的地方，经常可以看到这种小动物。

但是，这个小东西，宁愿挑选农民那充满烟灰的屋子里的炉灶来筑造自己的小家，也不喜欢那些城镇居民的雪白的别墅里的炉灶。我所到过的任何地方所看到的泥水匠蜂，都没有像我们村里有这么多。

与此同时，我们村里的屋子都很有特点。我们村上的茅屋都有一定的倾斜性，而且茅屋都被日光晒成了黄色，这使得它们看上去都很有特色。

事实是很明显的，泥水匠蜂选择烟筒作为自己的住所这一点是不容置疑的了。② 但是，它之所以为自己选择这样一个地方，倒并不是意味着它贪图安逸与享乐。

❷概括说明

起承上启下的作用。

因为，很显然，这样的地方可不是什么特舒服的地方。这种地方更需要这种小动物加倍地努力，并具备更好的才能。而且，在这种地方工作，是有很大危险性的。因为时常有险情发生，需要冒一定的危险，甚至是生命的危险。从这一点来看，说它选择烟筒建巢是为了自己的安逸，那可真的要大大地冤枉了我们这位小客人了。

❸解释说明

解释泥水匠蜂选择筑巢地点的原因，表现了泥水匠蜂的无私和责任感。

③ 它选择这样的地点来筑巢建穴，完全是为了它的

整个家族来考虑的，而并非出于私利。它不希望只是自己舒服就可以了，应该是大家共同享福、共同舒适，那才是它们真正要达到的目的。因而可以说，泥水匠蜂还是一种比较热爱家庭的动物，家庭责任感很强。

当然了，泥水匠蜂选择烟筒还有一个很重要的原因，那就是泥水匠蜂及它的家族成员对温度的要求比较高，这主要是出于本能，它们的住所必须建在很温暖的地方，而这一点和其他的黄蜂、蜜蜂是很不相同的。

① 我记得有一次去一家丝厂，在那里我见到过一个泥水匠蜂的巢。它把自己的巢建在机房里，并且为自己选择了刚好是在大锅炉上面的天花板上的一个地方。

看来，它真是独具慧眼啊！它为自己选择的这个地点，整个一年，无论寒暑，也无论春夏秋冬的变迁，温度计所显示出的温度，总是不变的 120 华氏度，只是要除去晚上的时间，还有那些放假的日子。很显然，在这些日子里，锅炉里并没有加热。所以，温度当然会随之有所变化的。

这个事实很明显地告诉我们，这个小小的动物对温度真是要求很高哩！而且，它也是个非常会为自己挑选地点的家伙。

② 还有，在乡下的那些蒸酒的屋子里，我也曾经不止一次地看到过许多泥水匠蜂的巢穴。

而且，凡是那些可以选择的、方便它们安居与行动的地方，都已经被它们占满了。甚至，连那些账簿堆积的地方，都被它们占据了。蒸酒房里的温度，和刚才提到的丝厂里的温度相差得不是太多，大约有 113 华氏度。这些温度计数再次告诉我们，这种泥水匠蜂甚至足以在那种使油棕树生长的热度下生存。

读书笔记

-----

❶**举例说明**

如果说对烟筒的选择是出于本能，那么这段话就充分证明了泥水匠蜂的聪明。

❷**举例说明**

只要温度高的地方，泥水匠蜂都能感受到，就会选择在那儿筑巢。

这样看来，锅，还有炉灶，当然也就很自然地成了泥水匠蜂最理想的家和首选对象了。

①但是，除了这些首屈一指的地方，泥水匠蜂也不厌弃一些其他可以选择的地点。它非常希望居住在任何可以让它觉得舒适、安逸的角落里面。

比如说，在养花房里，在厨房的天花板上，可关闭窗户的凹进去的地方，还有就是茅舍中卧室的墙上等。至于建造自己窠巢的地基，这一点，它并不放在心上。为什么呢？因为在平常，它的多孔的巢穴一般都是建筑在石壁或者是木头上的，这些地方相对而言还是比较坚实的。

因而，它们似乎并不是很关心房屋的基础。不过，也有的时候我曾经看到过它把自己的巢筑在葫芦的内部，或者在皮帽子里、砖的缝隙之中，或者是装麦子用的空袋子里。还有的时候，它建巢在铅管里面。

记得有一次，我在接近学院的一个农夫的家里所看到的事情，更让人觉得特别新奇。在这个农夫的家里，有一个特别宽大的炉灶。

②在装有这个炉灶的大房间里，在炉灶上的一排锅里，正煮着农工们要喝的汤，还有一些供牲畜们食用的东西。过了一会儿，工人们都从田地里收工回家了。

累了一天，他们的肚子肯定饿坏了。回来后，他们便迫不及待地、不声不响地在一边非常迅速地吞食着他们的食品及汤。他们为了要享受这休工用饭的大约半小时的舒适，干脆摘下了戴在头上妨碍吃饭的帽子，随后也脱去了他们的上衣，随手把它们挂在一个木钉的上面。

③这吃饭的时间，对于农工们而言，虽然是短暂

① **概括说明**
泥水匠蜂只求能居住得舒适、安逸，对住址则并无特别要求。

读书笔记

② **环境描写**
有炉灶的地方温度高，很适合泥水匠蜂在这里选择筑巢地点。

③ **叙述**
泥水匠蜂是利用农工吃饭时脱下衣服的空隙钻到衣服里的。

的，但是，要是让泥水匠蜂去占据工人们刚刚脱下的衣物，却又是绰绰有余的了。

在这些衣物中、草帽里边，被它们视为最合适的地方，它们抢先去占领它。那些上衣的褶缝，则被视为最佳的地点。与此同时，泥水匠蜂的建筑工作也就马上破土动工。

这时，一个工人已经吃完了他的饭，从饭桌旁边站了起来，抖了抖他自己的衣服。另外一个人也站起来，走了过来，摘下自己的草帽，也抖了一下。

①这样几下抖动，便抖掉了泥水匠蜂刚刚初具规模的窠巢。就是在这个时候，在这么短暂的时间里，它的蜂巢居然已经有一个橡树果子那样大了，真让人始料不及。它们可真是一些让人惊奇的小动物。

那个农夫家里，有一位专门烹调食物的女人。她对于泥水匠蜂这种动物可是一点儿好感也没有。她抱怨说这些可恶的小东西常常跑出来，弄脏了许多东西。

②天花板、墙壁，还有烟筒上，经常被涂满了泥，非常烦人，打扫起来很费力气。但是，在衣服和窗幔上，情况就大不相同了。这个女人每天都会用一根竹子，使劲地敲打窗幔，以保持它的清洁。所以，在这些地方情况会稍好一些，略微干净一些。

③但是，驱逐这些扰人的小动物是多么不容易啊！赶走了一次，第二天早晨它又会一样地跑回来做巢。它可真是个执着的小家伙，总是不厌其烦地从事着它的本能工作。

二、它的建筑物

事实上，我也非常同情这个农家厨役，很能理解

❶抒情
这段话表明了泥水匠蜂筑巢速度之快。

❷解释说明
泥水匠蜂也会给人带来麻烦。

❸细节描写
泥水匠蜂锲而不舍、执着地从事着它的本能工作。

❶叙述
　　说明泥水匠
蜂很难被赶走。

她的烦恼。^①但是，我同时感到遗憾的是，我不能代替她的位置。对此，我无能为力。如果，我能够以某种力量，使得这种小动物安安静静地固定在某一稳定的地点建屋居住，那该有多好啊！我一定非常高兴的。这样一来，即便是它把家具弄满了泥土，那也是不碍事的！我更希望能够知道它的那种巢的命运。

　　如果这个巢是做在不太稳固的东西上，比如，在衣服上，或是在窗幔上，那么它们该怎么办呢？

　　大多数蜜蜂的窠巢是利用硬的灰泥做成的。一般来说，它的巢都围绕在树枝的四周。

　　由于是灰泥组成的，所以它就能够非常坚固地附着在上面。但是，泥水匠蜂的窠巢，只是用泥土做成的，没有加水泥，或者是其他什么更能让它坚固的基础。那么，它怎么解决这些问题呢？

❷解释说明
　　泥水匠蜂的
建筑材料——黏
土极其普通。

^②建筑上的材料，并没有什么特殊的。只是潮湿的泥土，从那种湿地上取来的。因此，河边的黏土是最合适的选择。但是，在我们这样一个多沙石的村庄里面，河道非常少。

　　然而，在我自己的小园子里，我在种植蔬菜的区域里，挖掘了一些小沟渠，以便更好地种植。因此，有的时候，有一点儿水，便会整天在沟里流。

　　因而，这里便经常会有泥水匠蜂的身影出没。它们在这里选择适宜的泥土，于是在无事可做的时候，我就可以观察这些建筑家了。这里倒是一个很好的观察地点。

　　临近沟渠的时候，它当然就会注意到这件可喜的事情，于是，就匆匆忙忙地跑过来取水边这一点点十分宝贵的泥土。它们不肯轻易放过这没有湿气的时节里极为珍稀的发现。

① 那么，它们是怎样掘取这里的泥土呢？它们用下颚刮取沟渠旁边那层表面光滑的泥，足直立起来，双翼还振动着，把它那黑色的身体抬举得相当高。

② 我的管家妇在这泥土的旁边做工。她把她的裙子非常小心谨慎地提起来，以免弄脏了。但是事实上，却很少能够不沾上污渍。这样一群不停地搬取着泥土的黄蜂，原本应该是很脏的，但是事实上，它们的身上竟然连一点儿泥迹都没有。之所以会这样，它们自然有它们自己聪明的办法。

它们会把身子提起来，这样就能使它们全身上下一点儿泥污也沾染不上。除去它们的足尖以及用于工作的下颚之外，其他的地方都看不到什么泥迹之类的脏东西。

这样，用不了多长时间，一个泥球就制作成功了。差不多能有豌豆那么大。

③ 然后，泥水匠蜂会用牙齿把它衔住，飞回去，在它自己的建筑物上再增加上一层。这项工作完成以后，它歇也不歇一下，便继续投入新的工作之中。接着飞回来，再做第二个泥球。在一天中，天气最为炎热的时候，只要那片泥土未干，仍然是潮湿的，那么，泥水匠蜂的工作就会不停地坚持下去。

除了我这园中的小小的沟渠边这片潮湿的泥土，在村子里，最好的地点，就属村里人牵着驴子去饮水的那片泉水旁边了。

④ 在这个地方，无论什么时候都有潮湿的黑色的烂泥。哪怕是那种最热的太阳、最强烈的风，都不可能把这片泥土吹干。这种泥泞不堪的地方，对于走路的人来说，是非常不方便的，也是极不受欢迎的。然而，泥水匠蜂却不一样。它非常喜欢到这个地方来，因为这里的

❶ 设问

这段话介绍了泥水匠蜂工作的原理。

❷ 对比

通过对比突出泥水匠蜂的聪明能干。

❸ 行为描写

不管天气如何，只要有黏土，泥水匠蜂就会不辞劳苦地工作，它们是多么勤劳啊！

❹ 叙述说明

交代了这块烂泥的潮湿，这是泥水匠蜂最喜欢的地方。

泥土质量非常好，它也很喜欢在驴子的蹄旁做小泥丸。每次它都会有丰硕的收获。

❶对比
　　运用对比，强调了泥水匠蜂巢穴的坚固。

　　①和泥水匠蜂这位黏土建筑家不一样，黄蜂并不先把泥土做成水泥，它就这样把现成的泥土拿走，直接应用于建筑。所以，黄蜂的巢建造得很不结实，极不稳定，完全不能抵挡气候的千变万化。只要有一点儿水滴落上去，蜂巢就会变软，变成了和原来一样的泥土。

　　要是有一阵狂风大雨的话，它的巢穴就会被打成泥浆。这主要是因为，这种蜂巢实际上只不过是由干了的烂泥做成的，一旦浸了水以后，就会马上变成和原来一样的软泥，自然巢穴也就不复存在了。它们还须再次辛苦地重建家园。

❷叙述说明
　　表现了泥水匠蜂的巢的坚固和选址的安全。

　　②事实是很显然的，即便是幼小的泥水匠蜂，一点儿也不惧怕寒冷地衔泥筑自己的巢，而且不怕雨水把蜂巢打得粉碎，但它们知道把那蜂巢建在避雨的地方。这就是为什么这种小动物喜欢选择人类居住的屋子，特别是选择温暖的烟筒里面来建筑自己的住所的缘故。看来，安全是很重要的。

❸叙述
　　在没有完成最后一步的时候，泥水匠蜂的巢有着自然美感。

　　③在最后一项装饰工作——那遮盖起它辛苦制造的建筑的各层——还没有完全成功之前，泥水匠蜂的窠巢确实具有一种非常自然的美感。

　　它有一些小巢穴，有的时候它们互相并列成一排，那种形状有一点儿像口琴。

　　不过，那些小巢穴还是以那种互相堆叠起来成层的居多。有的时候，数一下有 15 个小巢穴；有的时候，有 10 个；有时，又减少至 3 ~ 4 个，甚至仅有 1 个。

❹解释说明
　　介绍了泥水匠蜂的巢穴。

　　④泥水匠蜂的巢穴的形状和一个圆筒子差不多。它的口稍微有点儿大，底部又稍小一些。大的有一寸多

长、半寸多宽。蜂巢有一个非常别致的表面，它是经过了非常仔细的粉饰而形成的。

在这个表面上，有一列线状的凸起围绕在它的四周，就好像金线带子上的线一样。

每一条线，就是建筑物上的一层。这些线的形状，是由于用泥土盖起每一层已经造好的巢穴而显露出来的。数一数它们，就可以知道，泥水匠蜂在建筑它的时候，来回旅行了一共有多少次。

它们通常是 15~20 层之间。每一个巢穴，这位辛辛苦苦不辞辛劳的建筑家在建筑它时，大概须用 20 次来往返搬运材料。可见，它们有多么勤劳！

①蜂巢的口当然是朝着上面的。如果一个罐子的口是朝下的，那么，它还能盛下什么东西呢？当然什么也盛不下了。道理也就在这里。泥水匠蜂的巢穴，也并不是什么特殊的东西，不过就像一个罐子而已，其中预备盛储的食物便是一堆小蜘蛛。

这些巢穴一一建造好了以后，泥水匠蜂便往里面塞满蜘蛛。等它们自己产下卵以后，便把它们全部封闭好。但是，这时候，它依然保存着美观的外表。这种外表一直要保持到泥水匠蜂认为巢穴的数量已经足够多了的时候为止。

②于是，泥水匠蜂会把整个巢穴的四周再堆上一层泥土，以便使它能够更加坚固一些，从而可以起到保护的作用。这一次，泥水匠蜂在工作时也不进行什么周密的计算了。

因此，它做得特别不精巧，更不像从前做巢那样，铺加以相当的修饰之物。泥水匠蜂能带回多少泥土，就往上面堆积多少泥土。只要能够堆积得上去就可以，再

❶自问自答

解释了蜂巢的口朝上的原因。

❷行为描写

最后一步是在巢穴四周加泥土，虽会破坏巢的美观，不过会使巢更加牢固。

没有更多的修补、装潢的动作了。泥土一旦取了回来，便堆放到原来的巢穴上去。

❶叙述
蜂巢最外层被泥土包围，也使其失去了美观的外表。

① 然后，就那么非常漫不经心地轻轻敲几下，使这些泥土可以铺开。这一层包裹物质，一下子把建筑物的美观统统都掩盖住了。这最后一道工序完成以后，蜂巢的最后形状就形成了。此时此刻的蜂巢就好像是一堆泥，一堆人们抛掷到墙壁上的泥。

三、它的食物

❷承上启下
对上文的总结，同时引出下文，自然过渡。

② 现在，我们都已经很清楚这个装食物的罐子是如何形成的了。接下来，我们必须知道的是，在这个罐子里边，究竟都隐藏了一些什么东西。

幼小的泥水匠蜂，是以各种各样的蜘蛛作为食物的。甚至，在同一窠巢中，其食品的形状也各不相同。因为各种各样的蜘蛛都可以充当食品，只是个头不要过大，否则就装不进罐子里去了。在幼蜂的各种食品中，那种后背上有三个交叉着的白点的十字蜘蛛，是最为常见的美味佳肴。我觉得这其中的理由应该是很简单的。

❸解释说明
说明了十字蜘蛛是泥水匠蜂的主要食物的原因。

③ 因为泥水匠蜂不是那种跑到离家很远的地方去千里迢迢捕猎食物的动物。它只不过经常在住所的附近地区游猎而已。而在它的住宅的近区内，这种有交叉纹的蜘蛛是最容易寻找得到的。

对于幼蜂而言，那种生长着毒爪的蜘蛛，要算是最最危险的野味儿了。

❹解释说明
从这里我们可以知道泥水匠蜂舍大取小的原因。

④ 假使蜘蛛的身体特别的大，就需要泥水匠蜂拥有更大的勇气和更多的技艺才能够征服它。这可不是一件容易的事情！而且，蜂巢的地方太小，也盛不下这么大的一个东西。所以，泥水匠蜂只得放弃猎取大个儿的蜘

蛛，不去干这种费时、费力，又不讨好的傻事。还是更实际些吧。

于是，它只得选择去猎取那些较小一些的蜘蛛为食。如果，它偶然会碰上一群可以猎食的蜘蛛，那么它总是很聪明，从来也不贪多，只选择其中最小的那一个。但是，虽然个儿头都是较小，但它的俘虏的身材还是差别比较大。

因此，大小的不同，就会影响到数目的不同。在这个巢穴里面，盛有一打蜘蛛；而在另外一个巢穴里面，只藏着 5 只或者 6 只蜘蛛。

①泥水匠蜂专选那些个儿小的蜘蛛，还有一个理由，那就是，在它还没有把猎物装入它的巢穴里之前，它先得把那个蜘蛛杀死。它所要采取的行动，有以下几步：它先是突然一下子落到蜘蛛的身上，以快取胜，差不多连翅膀都还没来得及停下来，就要把这个小蜘蛛带走。其他的昆虫所采用的什么麻醉的方法等，这个小动物可是一点儿也不知道。

这个小小的食物，一旦被储藏起来，就很容易变坏。幸好这个蜘蛛的个子小，一顿就可以把它全部吃掉。要是换了一只大一些的蜘蛛，一顿是不可能吃完的，只能分成几次吃。这样的话，这个蜘蛛是一定要腐烂。这样烂了的食品就会毒害窠巢里其他的幼虫，这对整个家族是不利的。

我经常能够看到，泥水匠蜂的卵并不是放在蜂巢的上面，而是在蜂巢里面储藏着的第一个蜘蛛的身上。差不多都是这样的，完全没有什么例外。

②泥水匠蜂都是把第一个被捉到的蜘蛛放在最下层，然后把卵放到它的上面的，再把别的蜘蛛放在顶

●读书笔记

❶解释说明
　　泥水匠蜂舍大取小还有更深层次的原因。

❷行为描写
　　泥水匠蜂的做法既不让孩子饿着，也不至于让食物腐烂，十分聪明。

上。用了这种聪明的办法以后，小幼虫就能先吃掉那些比较陈旧的死蜘蛛，然后再吃那些比较新鲜的。

这样一来，蜂巢里面储藏的食物也就没有什么时间足以变坏了。这不失为一种很安全的办法。

蜂的卵总是放在蜘蛛身上的某一部分的。蜂卵的包含头的一端，放在靠近蜘蛛最肥的地方。

❶解释说明

泥水匠蜂为幼虫考虑得很周到。

① 这对于幼虫是很好的。因为，一经孵化以后，幼虫就可以直接吃到最柔软、最可口和最有营养的食物了。因此，这是一个很聪明的主意。

❷叙述

说明泥水匠蜂不会浪费任何食物。

② 应该说，大自然赋予了泥水匠蜂一种相当巧妙的天性。这样一个有经济头脑的动物，一口食物也不浪费掉。等到它完全吃光这个蜘蛛的时候，一堆蜘蛛什么也剩不下来了。这种大嚼的生活要经过 8 天到 10 天之久。

在一顿美餐之后，蛴螬就开始做它的茧了。那是一种纯洁的白丝袋，异常而又精致。还有一些东西，能够使这个幼虫的丝袋更加坚实。这些东西，可以用作保护之用。

于是，蛴螬就又从它身体里生出一种像漆一样的流质。这种流质慢慢地浸入丝的网眼里，然后会渐渐地变硬，成为一种很光亮的保护漆。

此时，幼虫又会在它正在做的茧下面增加一个硬的填充物，使得一切都十分妥当。

❸对比

通过对比介绍了幼虫做的茧的样子。

③ 这一项工作完成以后，这个茧呈现出琥珀的黄颜色，很容易让人联想到那种洋葱头的外皮。因为，它和洋葱头有着同样细致的组织、同样的颜色、同样的透明感，而且，它和洋葱头一样，如果用指头摸一摸，便会立即发出沙沙的响声。完整的昆虫就从这个黄茧里孵化出来，早一点儿或是迟一点儿，这要随气候的变化而变

化，各有不同。

当泥水匠蜂在蜂巢中把东西储藏好以后，如果我们打算和它开一次玩笑的话，就立刻会显露出泥水匠蜂的本能。

在它辛辛苦苦地把它自己的巢穴做好以后，便带回了它的第一个蜘蛛。①泥水匠蜂会马上把它拖进巢里，然后收藏起来。即刻，它又在蜘蛛身体最肥大的部位产下一个卵。

❶行为描写⋯⋯⋯
　泥水匠蜂将这个大蜘蛛作为孩子的食物。

做好了这一切以后，它便又飞了出去，继续它的第二次野外旅行和捕猎。当它不在家里的时候，我从它的巢穴里把那只死蜘蛛连同那个卵一起都取走了。就算和这只泥水匠蜂开个小小的玩笑吧，不知道它会有什么样的反应。

我们很自然地就会想到，如果这个小动物稍微有一点儿头脑的话，那么，这个蜘蛛和卵的失踪，它是一定能够发觉得到的，而且应该会感到奇怪的！

蜂卵虽然是小的，但是，它是被放在那个大的蜘蛛的身体上。那么，当我们的这个小东西回来以后，发现巢穴里面是空的，②它会怎么做呢？将有什么举动呢？它将很有理智地行动，再产下一个卵，以补偿它所失去的那一个吗？事实上这些都不是，它的举动是非常不合情理的。现在，这个小东西所做的事情，只不过是又带回了一只蜘蛛，非常坦然地再次把它放到那巢穴里边去。

❷设问⋯⋯⋯⋯⋯⋯
　忙碌的泥水匠蜂并没有注意到所发生的变化。

对于其他的事情一律不理睬，就好像并没有发生过什么意外一样。似乎它根本就没有看到自己的孩子已经丢失了。那只刚刚捕获的蜘蛛也已经丢了。它没有发现这一切的不幸，也并没有表现出吃惊、诧异、着急、不知所措之类的表情。这以后，它居然若无其事地一只又一只地盲目地往巢里继续传带着蜘蛛。

❶叙述

泥水匠蜂十分勤劳，但也盲目无比。

①每当它把巢里的猎物和卵都安排妥当了以后，便又飞了出去，继续盲目地执着地奋斗着；每次在它飞出去的时候，我都会把这些蜘蛛和蜂卵悄悄地拿出来。因此，它每一次游猎回来，储藏室里实际上总是空着的。

就这样，它十分固执而徒劳地忙碌了整整两天时间。它一心打算要使劲努力，无论如何也要争取装满这个不知为什么永远也装不满的食物瓶子。

我呢，也和它一样，不屈不挠地坚持了有两天的工夫，一次又一次耐心地把巢穴里的蜘蛛和卵取出来，

❷行为描写

聪明的泥水匠蜂也会有愚蠢的一面。

想要看看这个执着的小傻瓜究竟要等何时才能终结它这种看起来毫无意义的工作。②当这个傻乎乎的小动物完成了它的第20次任务的时候，也就是到了第20次的收获物送来的时候，这位辛苦多时的猎人大概以为这罐子已经装够了——或许也是因为这么多次的旅行，疲倦了——于是，它便自认为非常小心而且谨慎地把自己的巢穴封锁了起来。然而，实际上，里面却完全是空的！什么东西都没有。它忙碌了这么久，事实上它根本意识不到这一点，真是让人可怜啊！

❸概括总结

通过泥水匠蜂的盲目劳动总结出道理。

③在任何情况下，昆虫的智慧都是非常有限的。这一点是毫无疑问的。无论是哪一种临时的困难，昆虫，这种小小的动物，都是无力加以很好而且迅速地解决的。无论是哪一个种类的昆虫，都同样地不能对抗。

这一点，我可以列举出一大堆的例子来，证明昆虫是一种完全没有理解能力的动物。当然，同时，它也是

注释

若无其事：好像没有那么回事似的。形容不动声色或漠不关心。

一种不具有意识的动物。虽然它们的工作是那么异常的完备。

经过长时间的经验和观察，我不能不断定它们的劳动，既不是自动的，也不是有意识的。

它们的建筑、纺织、打猎、杀害，以及麻醉它们的捕获物，都和消化食物或是分泌毒汁一样，其方法和目的完全都是不自知的。

所以，我相信这样一点，即这些动物对于它们所具有的特殊的才能，完全是莫名其妙的，既不知也不觉。

动物的本能是不能改变的。经验不能指导它们，时间也不能使它们的无意识有一丝一毫的觉醒。

如果它们只有单纯的本能，那么，它们便没有能力去应付大千世界、应付大自然环境的变化。

①环境是要经常有所变化的，意外的事情有很多，也时常会发生。正因为如此，昆虫需要具备一种特殊的能力来教导它，从而让它们自己能够清楚什么是应该接受的，什么又是应该拒绝的。

它需要某种指导。这种指导，它当然是具备的。不过，智慧这样一个名词，似乎太精细了一点儿，在这里是不适用的。于是，我预备叫它为辨别力。

②那么，昆虫能够意识到它自己的行动吗？能，但同时也不能。如果它的行动是由于它所拥有的本能而引起的，那么它就不能知道自己的行动。如果它的行动是由于辨别力而产生的结果，那么，它就能意识到。

比如，泥水匠蜂利用软土来建造巢穴，这一点就是它的本能。它常常是如此建造巢穴的，从一生下来就会。既不是时间，也不是生活的奋斗与激励。能够使得它模仿泥水匠，用那种细沙的水泥去建造它自己的巢，

❶议论
　　环境的变化，世界的进步，要求昆虫具有本能以外的能力，那是什么呢？

❷解释说明
　　本段解释昆虫的本能和辨别能力的区别。

❶叙述说明⋯⋯⋯

　　泥水匠蜂所建的是泥巢，所以不能淋雨。

这并不是它的本能。①泥水匠蜂的这个泥巢，一定要建在一种隐蔽之处，以便抵抗自然风雨的侵袭。

　　在最初的时候，大概那种石头下面可以隐匿的地方就能够被认为是相当合适了。

　　但是，当它发现还有更好的其他的地方可以选择时，它便会立刻去占据下来，然后搬到人家的屋子里边去住。那么，这一种就属于辨别力了。

❷举例说明⋯⋯⋯

　　举例说明本能和辨别能力的区别。

　　②泥水匠蜂利用蜘蛛作为它的子女的食物，这就是它本能的一种。没有其他的任何方法，能够让这只泥水匠蜂明白，小蟋蟀也是一样好，和蜘蛛一样可以当作食物。不过，假设那种长有交叉白点的蜘蛛缺少了，那它也不会让它的宝宝挨饿的。它会选择其他类型的蜘蛛，将其捕捉回来给它的子女吃。那么，这种就是辨别力。

　　在这种辨别力的性质之下，隐伏了昆虫将来进步的可能性。

四、它的来源

　　泥水匠蜂又给我们带来了另外一个问题。它必须找到合适的我们房子里的火炉的热量。这是因为它的巢穴是用软土建筑起来的，潮湿会使之成为泥浆而无法居住。所以，基于上述原因，它必须要有一个干燥的隐蔽场所。因此，热量，也是泥水匠蜂生活中所必要的。

❸推测⋯⋯⋯⋯

　　通过对热量的需求推测泥水匠蜂的来源。

　　③那么，它是不是一个侨民呢？或许它是从海边被卷过来的？它是从有枣椰树的陆地来到生长洋橄榄的陆地的？如果事实真是这样的话，那么它们也就自然会觉得我们这个地方的太阳不够温暖，也就必须要寻找另外一些地方，比如说火炉，把它作为人工取暖的地方了。

　　这样就可以解释它的习性了，为什么它和别的种类的黄蜂有如此大的差别，而且这种蜂都是避人的？

在它还没有到我们这里来做客以前，它的生活是什么样子的呢？在没有房屋以前，它住在什么地方呢？没有烟筒的时候，它把蛴螬隐藏在哪里呢？也许，当古代山上的居民用燧石做武器、剥掉羊皮做衣服、用树枝和泥土造屋子的时候，这些屋子便早已有泥水匠蜂的足迹了。

①也许，它们的巢就建筑在一个破盆里面，那是我们的祖先用手指取黏土制作成的。或者，它就在狼皮及熊皮做的衣服的褶缝里边筑巢。我感到非常奇怪，当它们在用树枝和黏土造成的粗糙的壁上做巢的时候，它们是否选择那些靠近烟筒的地点呢？这些烟筒，虽然和我们现在所使用的烟筒不同，但是，在不得已的时候，那些烟筒也是可以利用的。

如果说，泥水匠蜂在古代的时候，的确和那些最古老的人们共同在这个地方居住过，那么它所经历和见到的进步，就真的是不少了；②而且，它所得到的文明的利益也真正是不少了，它已经把人类不断增进的幸福转变成为自己的了。

当人类社会发明出在房屋的屋顶上铺上天花板的法子，想出在烟筒上加上管子的主意以后，我们便可以想象得到，这个怕冷的动物就会悄悄地对自己自言自语道："这是如何的舒适啊！让我们在这里撑开帐篷吧！"

③但是，我们还应该追究得更远一些。在小屋没有出现以前，在壁龛也不常见之前，甚至是在人类还没有出现之前，泥水匠蜂又是在哪里造房子的呢？这个问题，当然不是一个孤立的问题。我们还可以提出这样的问题：燕子和麻雀在没有窗子、烟筒等东西以前，它们

❶推测
对泥水匠蜂的巢建在哪里进行猜想。

❷概括总结
人类在进步，泥水匠蜂也在进步——利用人类的资源。

❸疑问
概括人类的进展和变化，联想到昆虫，提出更深层次的问题。

又是在哪里筑巢的呢?

燕子、麻雀、泥水匠蜂是在人类出现以前就已经存在的动物。显然,它们的工作是不能依靠人类劳作的。当这里还没有人类的时候,它们各自必定已经具有了高超的建筑技艺了。

❶行为描写
这个问题长期困扰着"我"。

①三四十年来,我都常常问我自己,在那个时候泥水匠蜂住在哪里的问题。

在我们的屋子外面,我们找不到它们的寨巢的痕迹。在房子外边,在空旷的广场,在荒丘的草地里,我们都没有找到泥水匠蜂的住处。但是,最后,我长时间的研究结果表明,一个帮助我的机会出现了。在西往南的采石场上,有许多碎石头子和很多的废弃物,堆积在这里有很长时间了。

据说已经有几百年的时间了。在这个乱石堆上,沉积了几个世纪的污泥,几百年的风风雨雨将这些乱石堆摆在人们面前。田鼠也在那里生活着。在我寻找这些宝藏的时候,我有三次发现了在乱石堆中的泥水匠蜂的巢。

❷解释说明
三个巢的发现解释了人类出现前泥水匠蜂在哪里筑巢的问题。

②这三个巢与在我们屋子里发现的完完全全一个样,材料当然也是泥土;而用以保护的外壳,也是相同的泥土。

这个地方的危险性,并没有促使这位建筑家丝毫的进步。我们有时——不过很少——看到泥水匠蜂的巢筑在石堆里和不靠着地的平滑的石头下面。

在它们还没有侵入我们的屋子以前,它们的寨巢一定是建筑在这类地方的。

❸场景描写
在石头下面的蜂巢破损得很严重。

③然而,这三个巢的形状是很凄惨的,湿气已经把它们给侵蚀坏了,茧子也被弄得粉碎了。周围也没有厚

厚的土保护着它，它们的幼虫也已经牺牲了——已经被田鼠或别的动物吃光了。

这个荒废的景象，使我惊疑地来到我邻居的屋外。是否能够真为泥水匠蜂建巢的地点挑选一个适当的位置呢？事实很显然，母蜂不愿意这么做，并且也不至于被驱逐到这么绝望的地步。

①同时，如果气候使它不能从事它祖先的生活方式，那么，我想，我可以断言，它就是一个侨民。它很可能是从遥远的异国他乡，侨居到这个地方来的侨民。也可能是另一种移民，那种背井离乡的移民。也可能是难民，是为了生计，不得不远走他乡，被其他地方收养的难民。

事实的确如此，它是从炎热的、干燥的、缺水的、沙漠式的地方来的，在它们那里，雨水不多，雪简直是没有的。

②我相信，泥水匠蜂是从非洲来的。

很久以前，它经过了西班牙，又经过了意大利，来到了我们这里，它可以说是千里迢迢，也可以说它是不远万里、不辞辛苦地到我们这里来的。它不会越过长着洋橄榄树的地带，再往北去。它的祖籍是非洲，而现在它又归入了我们普罗旺斯。

③在非洲，据说它常把巢穴建筑在石头的下面。而在马来群岛，听说也有它们的同族、同宗，它们是住在屋子里的。

从世界的这一边来到世界的那一边，从世界的南边来到世界的北边，从地球的南边——非洲来到地球的北边——欧洲，最后又来到马来群岛，它的嗜好都是一个样的：蜘蛛、泥巢，还有人类的屋顶。

❶推测
对泥水匠蜂从哪里来进行猜测。

❷概括总结
这段话交代了泥水匠蜂的来源。

❸叙述
介绍在非洲泥水匠蜂将房子建筑在哪里。

❶推测..........
　　"我"坚信
"我"的推断是
正确的。

　　① 假如我在马来群岛，一定要翻开乱石堆，翻找它居住的巢穴。这时，我会很高兴地在一块平滑的石头下面，发现它的巢穴，发现它的住所——原来它的位置，就在这些石头的下面。

精华赏析

　　通过直接描写、说明、概括等来介绍泥水匠蜂的生活习性，善用疑问、设问设置悬念，而后解决问题，引人入胜。

延伸思考

1.泥水匠蜂为什么把巢筑在温度高的地方？

2.泥水匠蜂以什么为食？

3.泥水匠蜂来自哪里？

相关评价

　　本章主要介绍了泥水匠蜂的生活习性，作者运用大量的对比、设问、设置悬念等手法对泥水匠蜂进行层层深入的解析，揭示出泥水匠蜂的特点和秘密。

与众不同的两种蚱蜢

名师导读

昆虫的种类繁多,一种亚科昆虫还分许多种类型。现在我们将随着作者的脚步去了解一下蚱蜢中比较与众不同的两类吧……

一、恩布沙

① 海是生物的源头,至今还存在许多种奇形怪状的动物,让人们无法统计出它们的具体数目,也分不清它们的具体种类。

这些动物界原始的模型,保存在海洋的深处。这就是我们常说的,海洋是人类无价的宝库,它是人类生存的重要条件之一。

但是,在陆地上,以前的奇形怪状的动物,差不多都已经灭绝了,只有少数的还遗留下来,能留到现在的大多是一些昆虫类的动物。其中之一就是那种祈祷的螳螂,关于它特有的形状和习性,我已经在前文对你们说过了。另一种则是恩布沙。

② 这种昆虫,在它的幼虫时代,大概要算普罗旺斯

1铺垫

对生物的源头——海洋的描写,为引出下文做铺垫。

2作比较

将这种昆虫与普罗旺斯省其他动物作比较,突出它的怪。

注释

普罗旺斯:原为罗马帝国的一个行省,现为法国东南部的一个地区。

省内最怪的动物了。

　　它是一种细长、摇摆不定的奇形的昆虫。它的形状和任何昆虫都不一样，没有看惯的人，绝不敢用手指去碰触它。①我的近邻的小孩，看了这个奇怪的昆虫以后，看到它这个奇异的模样，留下了很深的印象，他们叫它为"小鬼"。

　　他们想象它和妖法魔鬼等多少有些关系。从春季到五月，或是到秋天，有时在有阳光和温暖的冬天，可以遇见它们，虽然它们从不集成大群。

　　荒地上坚韧的草丛，可以受到日光照耀，并且有石头可以遮风的矮丛树，都是畏寒的恩布沙最喜欢的住宅。

　　我要尽我一切的可能告诉你们，它看起来像什么样子。②它身体的尾部常常向背上卷起，曲向背上，形成一个钩的形状；身体的下面，即钩的上面，铺垫着许多叶状的鳞片，并排列成三行。

　　这个钩架在四只长而细的、形如高跷的腿上。每只足的大腿和小腿连接之处，有一个弯的、突出的刀片，这个刀片与屠夫切肉常用的那种刀片相仿。

　　在高跷或四足蹬上的钩的前面，有很长而且很直的胸部突起，形状圆而且很细，像一根草一样。草干的末梢，有狩猎的工具，是完全类似螳螂的那种猎具。

　　③这里有比较尖利的渔叉，还有一个残酷的老虎钳，生长着如锯子似的牙齿。上臂做成的钳口中间有一道沟，两边各有 5 只长长的钉，当中也有小锯齿。前臂做成的钳口也有同样的沟，但是锯齿比较细巧，比较密一些，而且很整齐。

　　在它休息的时候，前臂的锯齿嵌在上臂的沟里。它的整体就像一架可以加工的机器，有锯齿、有老虎钳、

❶反衬

　　小孩对这个昆虫的称呼侧面反映了恩布沙样子的怪异。

❷外貌描写

　　形象地描绘出恩布沙的外貌特征。

❸对比、比喻

　　运用对比和比喻反映恩布沙器官的厉害。

有沟、有道，如果这部机器再稍微大一点儿，那它就成了一部令人可畏的刑具了。

它的头部也和这种机器相辅相成。这是一个多么怪异的头啊！尖形的面孔，卷曲而长的胡须，巨大而且突出的眼睛，在它们中间还有短剑的锋口：①在前额，有一种从未见过的东西——一种高的僧帽一样的东西，一种向前突出的精美的头饰，向左向右分开，形成尖起的翅膀。

❶外貌描写
表现出恩布沙独特的外貌。

为什么这个"小鬼"要这样像古代占卜家一样戴着奇形怪状的尖帽子呢？它的用途在不久以后我们就会知道的。

在这个时候，这动物的颜色是普通的，大抵为灰色；待发育以后，就会变为装饰着灰绿、白与粉红的条纹。

如果你在丛林中遇见这个奇怪的东西，它在 4 只长足上动荡，头部向着你不停地摇摆，转动它的僧帽，凝视着你的眉头。

②在它的尖脸上，你似乎可以看到要遭受危险的形象。但是，如果你想要捉到它，你的这种恐吓姿势会使它马上就溜走了。

❷解释说明
恩布沙虽长相凶恶，其实很胆小。

③它高举的胸部就会低下去，竭力用大步逃之夭夭。并且，它的武器会帮助它握着小树枝。假如你有比较熟练的眼光，它就很容易被捉住，关在铁丝笼子里。

起初，我不知道应该如何喂养它们。我的"小鬼"又很小，最多只有一两个月大。我捉大小适宜的蝗虫给它们吃，我选取了其中最小的一些喂给它们吃。

"小鬼"不但不要它们，而且还惧怕它们，无论那个没有思想的蝗虫怎样温和地靠近它，都会受到很坏的

❸叙述
说明恩布沙比较胆小的特点，同时也说明它们容易被捕捉。

待遇。

❶动作描写………
　　这段话交代
了恩布沙的尖帽
的作用。

① 尖帽子低下来，愤怒地一捅，使蝗虫滚跌开去。
　　因此可知，这个魔术家的帽子实际上是自卫的武器。雄羊用它的前额来冲撞，和它的对手进行搏斗。同样，恩布沙也在用它的僧帽来和它的对手进行抵抗。
　　第二次，我喂给它一个活的苍蝇，这个恩布沙立即就接受了它，把它当成一次酒席上的佳肴。
　　当苍蝇走近它的时候，早已守候着的恩布沙掉转了它的头，弯曲了胸部，给苍蝇猛然一叉，把它夹在两条锯子之间。就连老猫扑捉老鼠也没有这样的迅速。
　　我惊奇地发现，一只苍蝇不仅可供给它一餐，而且足够其整日食用，甚至可以连着吃上几天。这种相貌凶恶的昆虫，竟然是极其节食的动物。

❷解释说明………
　　恩布沙的外
表吓人，食量却
少得惊人！自然
界何等奇异。

② 我开始以为它们是一个个的魔鬼。但是，后来发现它们的食量像病人一样少。经过一个时期以后，就连小蝇也不能引诱它们了。在冬天的几个月里，它完全是断食的。到了春天，才又准备吃一些少量的米蝶和蝗虫。它们总在颈部攻击俘虏，如螳螂一般。
　　幼小的恩布沙被关在笼子里时，有一种非常特殊的习性。
　　在铁丝笼里，它的姿势从最初一直到最后，都是一样的，而且是一种顶奇怪的姿势。③ 它用它那四只后足的爪，紧握着铁丝倒悬着，纹丝不动，活像一只倒挂在横杠上的小金丝猴一样。它的背部向下，整个的身体就挂在那四个点上。

❸动作描写………
　　描述了恩布
沙被关在笼子里
时奇怪的动作。

❹动作描写………
　　交代恩布沙
是如何移动的。

④ 如果它想移动一下，前面的渔叉就会张开，向外伸展开去，然后，紧握住另一根铁丝，朝怀里拉过来。
　　用这种方法将这个昆虫在铁丝上拽动，仍然是背朝

下的，于是，渔叉两口合拢，缩回来放在胸前。

这种倒悬的位置，对于我们而言一定会很难受的，也是很不容易做到的，要是人很可能就会得病的，要么是高血压，要么是脑出血。^① 但是，恩布沙保持这样的姿势的时间并不短，它在铁丝笼里，可以持续10个月以上，竟然毫无改变。

❶说明、对比……
　体现了恩布沙习性之特殊。

苍蝇在天花板上，确实也是这种姿势的，但是它有休息的时间，它累了就要休息一会儿，养足了精神以后，再做这种动作。它在空中飞动，用平常的习惯走路，沐浴在阳光中。

恩布沙则完全相反，它保持这种奇怪的姿势，达到10个月以上，绝不休息。

它悬挂在铁丝网上，背部朝下，猎取、吃食、消化、睡眠，经过昆虫生活所有的经历，直至最后死亡。它爬上去时年纪还很轻，而落下来的时候，已经是年老的尸首了。

^②它这个习惯的动作，应该注意的是只有处在俘囚期的时候才会如此，并不是这种昆虫天生的、固有的习惯。因为在户外，除去很少的时候，它站在草上时是背脊向上的，并不是倒悬着的。

❷叙述………………
　说明这种昆虫倒悬的行为只是因为被关住。

和这种行为相似的，我还知道另外一个稀奇的例子，比起这个还要特别一些。那是一种特别的黄蜂，在夜晚休息时的姿态。

这种特别的黄蜂——生有红色的前脚的"泥蜂"。8月底的时候在我的花园里非常之多，它们很喜欢在薄荷草上睡眠。在傍晚薄暮时，特别是在窒闷的日子里，暴风雨正在酝酿，大风大雨即将来临的时候。可是，我们却能见到一个奇怪的睡眠者——仍然在那里安详地熟睡着。

大概在晚上休息时，它的睡眠姿态没有比这个更奇怪的了。当你见到它以后就会觉得特别稀奇古怪了。

① 它用颚咬入薄荷草的茎内，方的茎比圆的茎更能握得牢固一些。它只用嘴咬住它，身体却笔直地横在空中，腿折叠着，它和树干成直角，这昆虫把全身的重量完完全全地放置在它的大腿上。

泥蜂利用它强有力的颚这样睡觉，身体伸展在空中。如果按动物的这种情形来推测，我们从前对于休息的固有观念就要被推翻了。

任凭风暴狂欢，树枝摇摆，这位睡眠者并不被这摇晃的吊床所烦扰，至多是在某个时候用前足抵住这摇动的枝干罢了。也许泥蜂的颚像鸟类的足趾一般，具有极强的把握力，比风的力量还要强大许多。

② 尽管如此，有好几种黄蜂和蜜蜂都是采用这种奇怪的姿势来睡眠的——用大腮咬住枝干，身体伸直，腿缩着。

大约在 5 月中旬，那时候恩布沙已经发育完整了。它的体态和服饰比螳螂更引人注目。它还保留着一点儿幼稚时代的怪相——垂直的胸部，膝上的武器和它身体下面的三行鳞片。但是，它现在已经不能卷成钩子，它现在看起来也文雅多了：**③** 大型灰绿色的翅膀，粉红色的肩头，矫捷的飞翔，下面的身体装饰着白色和绿色的条纹。

雄的恩布沙是一个花花公子，和有些蛾类相似，更是夸张地用羽毛状的触须修饰着自己。

④ 在春天，农人们遇见恩布沙的时候，他们总以为是看到了螳螂——这个秋天的女儿。

❶ 细节描写

细致的描写，让我们见识了泥蜂的令人惊讶的睡姿。

❷ 叙述

交代有些黄蜂和蜜蜂的奇怪睡姿。

❸ 外貌描写

详细地描绘发育成熟的恩布沙的样子，比之前要好看多了。

❹ 说明、过渡

这段话表明恩布沙的外表和螳螂很相像。

它们外表很相像，以致人们都怀疑它们的习性也是一样的。因为外观一样，又都是昆虫类的动物，所以，人们没有认真仔细观察，也没有考察过它们的行动坐卧，就猜测它们的生活习惯是一样的。

但是，事实上，因为它的那种异常的甲胄，会使人们想到恩布沙的生活方式甚至比螳螂要凶狠得多。

但是，这种想法却错了，这个误解对恩布沙是不公平的，无调查研究的结论是靠不住的。

尽管它们都具有一种作战的姿态，但是，恩布沙却是一个比较和平友好的动物呢！它不是一个好斗好战的恶劣的凶手。

① 把它们关在铁丝罩里，无论是半打（一打是 12 只，半打是 6 只）或者只有一对，它们没有一刻忘掉柔和的态度。它们之间都是和平友好、互利相处的。

甚至到发育完成的时候，它们几个也是互相体谅、互相谦让、互不侵犯的。它们吃的东西比较少，每天的食物只有两三只苍蝇就足够了。

② 食量大的小动物，当然是好争斗的。吃得饱的动物，把争斗当作一种消化食物的手段，同时也是一种健身的方式。争强好胜，事事不让人，从来不吃亏，这是典型的弱肉强食者的特点，它从来就是见便宜就占、见利益就争、见好事就抢。

螳螂一见到蝗虫立刻就会兴奋起来，于是，战争就不可避免地开始了。③ 螳螂立刻就扑向蝗虫，但是蝗虫也不示弱，两者你争我斗，蝗虫用利齿欲扑向螳螂，但螳螂用它尖利的双夹给蝗虫以有力的反扑；你争我斗的

❶反衬
　　通过数量来反衬恩布沙温和的性格。

❷叙议结合
　　好斗是食量大的动物的特性。恩布沙食量极小，所以温和。

❸场面描写
　　描写螳螂和蝗虫互相争斗的场面，表现它们好斗的性格特征。

注释
侵犯：非法干涉别人，损害其权利。

场面，十分精彩。

❶举例说明·········
说明恩布沙
是一种很温和的
生物。

①但是，节食的恩布沙是个和平的使者，它从不和邻居们争斗，也从不用做鬼的形状去恐吓外来者。它也从不像螳螂那样，和邻居们争夺地盘。它从不突然张开翅膀，也不像毒蛇那样作喷气、吐舌状。它从来也不吃掉自己的兄弟姐妹。更不像螳螂那样，吞食自己的丈夫。这种惨无人道的事情，它是从来不做的。

这两种昆虫的器官是完全一样的。所以，这种性格上的不同，与身体的形状无关，与其外表也无关，或许可以说是由于食物的差异而造成的。

无论是人还是动物，淳朴的生活总可以使性格变得温和一些、随和一些。这些都可以营造一个和平共处的好环境。

但是，欲望太重，就要开始残忍起来。贪食者吃肉又饮酒——这是野性勃发的普遍原因——从不能像自制的隐士一样温和平静。它是吃些面包，在牛奶里浸浸，这样简单地生活。②它是一个普普通通的昆虫，它是平和、温柔、和善的。而螳螂则是十足的贪食者。

❷对比·············
虽然恩布沙
和螳螂长得很像，
但二者的性格有
很大的区别。

虽然我的解释已经很清楚明白了，但是，还有人可能会提出更深一层的问题。

这两种昆虫有完全相同的形状，想来一定也有同样的生活需要。而为什么，一种如此贪食，而另一种又如此有节制呢？它们在态度方面，如同别的昆虫已经告诉我们的一样，嗜好和习性并不完全取决于自身的形状以及身体结构，而是在决定物质的定律以外，还有决定本能的定律存在。

二、白面孔螽斯

在我住的地方，我看见的螽斯是白面孔的。^①它善于唱歌，而且神采庄严，颇有领袖风采。它有着灰色的身体，一对强有力的大腮以及宽阔的象牙色面孔。

如果要想捕捉它，这并不是什么难做到的事，也并不烦人。在夏天最炎热的时候，我们常可以见到它在长长的草上来回跳跃。特别是在岩石下面，那里有松树生长着。

希腊字 Dectikog（即白面孔螽斯、Decticns 的语源）的意义是咬，喜欢咬。白面孔螽斯因此取了这个名字。

它确实是善于咬的昆虫。假如有一种强壮的蚱蜢抓住了你的指头，你可是要当心一点儿，它会把你的指头咬出血来，咬得你生疼，甚至有时疼痛难忍。它那强有力的颚仿佛是凶猛的武器。当我要捕捉它时，我必须非常小心地提防它；否则，随时都有被它咬伤的危险和被它咬破的可能。它那两颊突出的大型肌肉，显然是用来切碎它捕捉的、硬皮的捕获物时用的。

^②把白面孔螽斯关在我的笼子里，我发现蝗虫蚱蜢等任何新鲜的肉食，都符合它们的需要。特别是那种长着蓝色翅膀的蝗虫，尤其适合它的嗜好。

当把食物放进笼子里时，常常会引起一阵骚动。特别是在它们饿极了的时候，它们一步一步地很笨重地向前突进。因为受长颈的阻碍，它不能很敏捷地行动。有些蝗虫立刻就被捉住，有的乱飞、乱蹦、乱跳，有的急了跳到笼子的顶上，逃出这螽斯所能捉捕到的范围之外。因为它的身体很笨重，不能爬那么高。不过，蝗虫也只能是延长它们自己的生命而已，最终也无法逃脱被

❶外表描写

形象地描写出了螽斯的与众不同。

❷叙述说明

白面孔螽斯食用蝗虫、蚱蜢等昆虫，而且偏爱长着蓝色翅膀的蝗虫。

❶叙述说明 ………

这场较量的最后获胜者是白面孔螽斯。

❷解释说明 ………

介绍了白面孔螽斯是如何杀死猎物的。

❸叙述说明 ………

从嗜好吃蝗虫这个角度来看，这类螽斯属于益虫。

读书笔记

白面孔螽斯蚕食的厄运。❶它们或因疲倦，或因被下面的绿色食物所引诱，纷纷从上面跑下来，于是，立刻就会被螽斯所捕获，成为其口中之美食。

这种螽斯，虽然智力很低下，然而却会用一种科学的杀戮方法。❷如同我们在别的地方见到的一样，它常常先刺捕猎物的颈部，然后再咬住主宰它运动的神经，使它立刻失去抵抗的能力。和其他肉食动物一样，如哺乳动物虎、猎豹等，它们都是先将所捕捉的猎物的喉头管咬住，使其停止呼吸，丧失反抗力后，再一点点地享用它的肉体。这是一种很聪明的方法，因为蝗虫是很难杀死的。有时，虽然蝗虫的头已经掉下来了，但它的躯体依然还能够跳动不已。我曾经见过几只蝗虫，已经被吃掉一半了，还不断地乱跳，居然被它逃走了。❸因它嗜好吃蝗虫以及有些对于未成熟的谷类有害的种族，所以，这类螽斯多一些，对于农业也许有相当的益处。

不过，现在它对于土地上保存果实的帮助，是非常薄弱的。它带给我们的主要兴趣，事实上是那些远古遗留下来的纪念物。它留给我们一些现今已经不用了的习性。

我应该谢谢白面孔螽斯，使我再次知道了关于幼小螽斯的一两件事情。它产下的卵，并不和蝗虫、螳螂一样，把它们装在桶里；它也不像蝉那样，将卵产在树枝的洞穴里。

这种螽斯将卵像植物种子一般，种植在土壤里。母的白面孔螽斯身体的尾部有一种器官，可以帮助它在土面上掘下一个小小的洞穴。在这个洞穴内，产下若干个卵，将洞穴四周的土弄松一些，用这种器具将土推入洞中，就像我们用手杖将土填入洞穴一样。用这样一种方法，它将这个小土井盖好，再将上面的土弄平整。

①然后，它到附近的地方散一会儿步，以作消遣和放松。用不了多长时间，它就会回到先前产卵的那个地方，靠近原来的地点——这是它记得很清楚的地方——又重新开始工作。

如果我们注意观察它一个小时，就可以看到这种全部的动作不下 5 次，连附近的散步也包括在内。它产卵的地点，常是靠得很近的。

各种工作都已经完成以后，我察看这种小穴。只有卵放在那里，没有小室或壳来保护它们。②通常约有 60 个，颜色大部分是紫灰色的，形状如同棱一样。

我开始观察螽斯的工作，就想看看它的卵孵化的情形。于是在 8 月底的时候，我取来很多的卵，放在一个里面铺有一层沙土的玻璃瓶子中。③它们在里面度过 8 个月的时间，感受不到气候变化带来的痛苦：没有风暴，没有大雨，没有大雪，也没有它们在户外必须经受到的过度炎热的光照和日晒。

6 月来临时，瓶中的卵，还没有表现出开始孵化的征兆。和 9 个月以前，我刚把它们取来的时候一样，既不发皱，也不变色，反而表现出极其健康的外观。在 6 月里，小螽斯在原野里经常可以遇到了，有的甚至已发育得很大了。因此我很怀疑，究竟是什么理由使它迟延下来的。④于是，就产生了一种意见，这种螽斯的卵，如同植物一样，被种在土地里，是毫无保护地暴露在雨雪之中的。在我瓶子里的卵，在比较干燥的状况下，度过了一年三分之二的时间。因为它们本来是像植物种子一样散播着的。它的孵化大概也需要潮湿，需要适合它的一切孵化条件，如同种子发芽时需要潮湿一

❶细节描写
叙述了母的白面孔螽斯产卵后的情形。

❷物体描写
介绍了白面孔螽斯的卵的颜色和形状，以及数量。

❸环境描写
没有任何打扰与变化的环境能使这些卵顺利发育吗？

❹叙述
这种意见正确吗？引出下文。

样。这时，我开始决定要试一试。

我将从前取来的卵分出一部分，放在我的玻璃管里，在它们上面，薄薄地加上一层细细的潮湿的沙子。然后把玻璃管用湿棉花塞好，以保持里面的湿度。无论谁看见我的试验，都会以为我是那种在试验种子的植物学家。我的愿望可以实现了。在温暖的、潮湿的环境之下，卵不久就表示出要孵化的迹象，它们渐渐地一点点地涨大，壳显然就要分裂开了。①我花费了两个星期的工夫，每个小时我都很认真仔细、不知疲倦地守候着它，想看看小螽斯跑出卵来的情形，以解决遗留在我心中很长时间的疑问。

那个疑问是这样的。这种螽斯，按照惯例，是埋在土下边约1寸深的地方。②现在，这个新生的小螽斯，夏初时在草地上跳跃，发育得完全一样，长有一对很长的触须，细得如同发丝一般；并且，身后生有两条十分异常的腿——像两条跳跃用的支撑杆，对于走路是很不方便的障碍。

我很想知道，这个柔弱的小动物，携带着这样笨重的行李，当它到地面上来时，其间所有的工作，是怎样进行的呢？它用什么东西从土中开出一条小道路来呢？它有遇到一粒小沙就会折断的触角，少许的力量就会断脱的长腿，这个小动物是显然不可能从土坑中解放出来的。

我已经告诉过你们：蝉和螳螂，一个从它的枝头、一个从它的巢出来时，穿有一种保护物，就像一件大衣一样。

③我想，这个小螽斯从沙土里钻出来的时候，一定也有比出生以后在草间跳跃时所穿的还要简单而且又紧

① 叙述 ⋯⋯⋯⋯

　　表现出"我"为研究得出结论不眠不休，不知疲惫的精神。

② 比喻 ⋯⋯⋯⋯

　　运用比喻表现新生小螽斯的体形特征。

③ 心理描写 ⋯⋯⋯

　　在提出疑问之后给出猜想，"我"的想法正不正确呢？

130

又窄的衣服，作为一种保护。

我的估计并没有错。这时候，白面孔螽斯和别的昆虫一样，的确穿有一件保护外衣。这个细小的、肉白色的小动物已经长在一个鞘里了，6只足平置胸前，向后伸直。

为了让出来时比较容易一些，它的大腿绑在身旁；另一半不太方便的器官——触须——一动也不动地压在包袋里面。

它的颈弯向胸部。大的黑点是它的眼睛。那毫无生气而且十分肿大的面孔，使人以为那是盔帽。颈部则因头弯曲的关系，十分开阔。

① 它的筋脉同时微微地跳动着，时张时合。因为有了这种突出的、可以跳动的筋脉，新生螽斯的头部才能自由转动。依赖颈部推动潮湿的沙土，它挖掘出一个小洞穴；于是，筋脉张开成为球状，紧塞在洞里，使幼虫在移动它的背并推土时，可以有足够的力量。

如此，进一步的步骤已经成功了，筋脉的每一次涨起，对于小螽斯在洞中的爬动，都是很有帮助的。

看到这个柔软的小动物，身上还是没有什么颜色，移动着它那膨胀的颈部来挖掘土壁，真是可怜。

② 它的肌肉还没有达到强健的时候，这真无异于与硬石斗争啊！不过，经过不懈的奋斗它却居然获得了最终的成功。

一天早晨，这块地方已经做成了小小的孔道，不是直的，约有一寸深，宽阔得像一根柴草。一般用这样的方法，这个疲倦的昆虫终于可以达到地面上了。

在还没有完全脱离土壤以前，这位奋斗者也要休息一会儿，以恢复它这次旅行后的精力。再做一次最后的

✎ 读书笔记

❶铺垫、说明
交代了小螽斯从洞中爬出来的工作原理。

❷叙述
表现出白面孔螽斯的顽强和执着，不怕困难。

拼搏，竭力膨胀头后面突出的筋脉，以突破那个保护它已经很久的鞘。这个动物就这样将外衣抛弃了。

❶外表描写

螽斯成熟前、成熟后颜色不相同。

① 于是，这是一个幼小的螽斯了，它还是灰色的。但是，第二天它就渐渐地变黑了，同发育完全的螽斯比较起来简直是成了一个黑奴了。不过，它成熟时的象牙面孔是天生的，在大腿之下，有一条窄窄的白斑纹。

在我面前发育的螽斯啊，在你面前展开的生命是太凶险了。

❷叙述说明

表明了螽斯所要面临的危险。

② 你的许多亲属，在尚没有得到自由之前，就因疲倦而死去了。在我的玻璃管中，我看到了好多螽斯因受到沙粒的阻碍而放弃了尚未成功的奋斗。

它的身上长有一种绒毛，欲将它的尸体包裹起来。如果我不去帮助它，到地面上来的旅行会更加危险，因为屋子外面的泥土更加粗糙，已经被太阳晒硬了。

这个有白条纹的黑鬼，在我给它的莴苣菜叶上咬啮，在我给它居住的笼子里跳跃着，我可以很容易地圈养它。

不过，它已不能再提供给我更多的知识了。所以，我就恢复了它的自由，以报答它教给我的那些知识，我送给它这个房子——玻璃管，还有花园里的那些蝗虫。

❸概括总结

各种各样的昆虫教给"我"各种各样的知识。

③ 因为它教给我蚱蜢在离开产卵的地点时，穿着一件临时的保护衣服，将那些最笨、最重的部分，如它的长腿和它的触角等，全都包在鞘里。

它又告诉我这种略微伸缩、干尸状的动物，为了它旅行的方便，它的头颈上生有一种瘤，或者说是颤动的泡口——是一种原来就生成的机器。在我最初观察螽斯的时候，我并没有看见螽斯用它作为走路的帮助。

精华赏析

作者运用比喻、对比、反衬等手法介绍了恩布沙。表现出它温和的性格，同时通过对白面孔螽斯的细致观察，作者将其特有的风采——展现出来。

延伸思考

1. 恩布沙的帽子有什么用？
2. 白面孔螽斯的卵产在哪里？

相关链接

本章详细讲解了两种蚱蜢的不同之处。

攀高的秘密

名师导读

在阳光明媚的日子，狼蛛妈妈会驮着一家爬出洞穴，任孩子们离去，这时的孩子像个攀岩家，园蛛的攀爬本领也会在此时得到充分体现。不同的是什么呢？

❶环境、场面描写
采用讲故事的形式，进入主题，带出主人公。

①3月过去了，在天清气爽的日子里，在上午最热的时光中，蜘蛛们开始踏上离家的路。狼蛛妈妈驮着它拥挤的一家子，爬出洞穴，蹲在洞口边沿。它听任它们随意行事，似乎对眼前的一切漠不关心，既不鼓励也不挽留。谁要走，谁要稍缓一步，全都无所谓。这几个第一批走，那几个随后走，这得取决于它们是否觉得自己泡够了阳光浴。小家伙们成群成群地离开妈妈，在地上乱窜一阵后便迅速爬到笼子的网格上。

❷疑问
对狼蛛这种反常的行为提出疑问，引出下文。

它们的爬行速度真是快得惊人。它们钻出网眼，径直朝笼顶爬去。它们一个不落全都直奔高处。②从狼蛛突出的恋土习性来看，它们本该在下面穿梭才对。但所有的狼蛛都往笼顶上跑，这究竟为的是什么？我还真猜不出来。

我从笼顶上安装的竖环得到了一丝线索，小家伙们

134

全是奔那儿而去的。它对它们来说就是体操馆的门廊。它们在洞眼间拉上蛛丝，又将丝从圆环连到最近的网格架上。它们就在这些"独木桥"上表演荡绳绝技，而身边不断有同伴来来往往。小小的腿儿不时地张开往四下里伸展，仿佛要探到最远的峰顶。

①我开始理解了，它们都是杂技演员，所追求的高度远非笼顶这类东西可及。我在格架顶上立了一根树枝，将攀爬高度又加了一倍，这群闹哄哄的家伙急忙顺杆爬去，爬到高处，吐出丝来。这样一来，便造出许许多多吊桥，而我的小家伙们身手敏捷地在吊桥上奔忙，不歇气地跑来跑去。

人们也许会说它们还盼望爬得更高一些。②我愿意尽力满足它们的心愿，我拿来一根9英尺长的芦苇，细长的苇秆长得笔直。我把芦苇立在笼子上。小狼蛛们爬到秆尖。在这儿，纺丝坊又拉出更长的蛛丝。开始，蛛丝还吊在空中飘荡；后来，丝尾随便粘上附近的什么支撑物便又搭成了吊桥。这些高空飞人踏上吊桥，组成一串串花环，即使再轻微的风也能优雅地荡起花环。蛛丝是看不见的，除非它正好在阳光下。③而在阳光下，整个蛛网让人想起表演高空芭蕾的一排排飞蚊。接着，在气流的拨弄下，那精巧的丝网突然断开，在空中飘飞。看哪，这些移民们就粘在自己吐出的丝线上飘来荡去。如果顺风，它们能在很远的地方着陆。就这样，它们的离家之行要持续一周到两周。

它们成群地舍家而去，数目有多有少，依当天的气温和晴雨而定。如果天空不放晴，谁也不考虑出走的事，旅行者们需要阳光之吻，阳光给予它们能量和活力。最后，全部子女都乘着自己的飞绳消失在远方。只

❶举例、拟人⋯⋯⋯
　　这段话介绍了狼蛛喜好攀爬的习性。

❷叙述⋯⋯⋯⋯⋯
　　说明狼蛛喜欢攀高的习性。

❸比喻⋯⋯⋯⋯⋯
　　用"表演高空芭蕾的一排排飞蚊"来比喻蛛网，非常形象。

剩下妈妈独自一个。失去儿女，它似乎并不显得有多悲伤。它依旧神采奕奕，依旧丰满肥硕，这表明母爱的负担于它而言并不太重。

❶细节描写
子女的离去，让它减轻了负担，从而更有活力。

① 我还注意到它对捕猎的热情高涨了起来。当它驮着一大家子时，饮食格外节俭，只接受眼前到手的猎物，相当克制。寒冬也许让它胃口大减，又或许是小家伙们的重量妨碍了它的行动，令它在捕杀猎物时更加谨慎。现在，好天气让它高兴了起来，行动上又无滞碍，于是，每当我在它洞口放一点儿它喜爱的虫子时，它便会匆匆地冲出洞穴，从我手指上取走美味的虫子。只要我有空，这种场面每天都会重演。

经过一个节俭的冬季，纵情欢宴的时候到了。这样的胃口告诉我们，那动物并没有濒临死亡。如果肠胃衰竭，它是不会如此豪吃海喝的。我的寄宿生们生气勃勃地开始了第四年的生活。

冬季，我常常在野地里发现驮着儿女的大块头妈妈，其他蜘蛛的个头只有它们的一半多大。由此可见，那一群代表了三代。此时，我陶盘里的老太太在子女离去之后，依然坚持下来，还像从前那么强壮。② 种种外在的迹象告诉我们，在做了曾外婆后，它们仍然保持着繁衍种族的能力。

❷概括说明
这句话突出了蜘蛛强大的繁殖能力。

事实证明了这些预测。待时光又到 9 月时，我的囚徒们拖上了与去年一样鼓胀的囊袋。在很长一段日子里，这些妈妈每天都爬到洞口，托起那皮囊，让阳光来催生。即便别的蜘蛛早在几周前就孵出了卵，它们也依旧我行我素。③ 它们的坚持不懈并没得到回报：光滑的皮囊没有生出任何东西，里面没有任何动静。为什么？因为它们被关在笼子里，没有父亲给卵子授精。它们终

❸解释说明
解释它们坚持不懈没有得到回报的原因。

于不耐烦等下去，也明白这次是绝收了。于是，便把卵袋推出洞口，不再费心了。

当春天再次降临，按正常规律出生的蜘蛛后代放飞之时，它们断了气。所以说，蜘蛛这荒原一霸比它的邻居金龟子要高寿得多：它至少要活5年。现在，我们还是让妈妈们去忙自己的活儿，回过头来关注小蜘蛛吧。

当我们看到，小狼蛛们一获自由，便急不可耐地朝高处攀去，心里不能不为之讶异。①它们天生注定要生活在地面，先是待在矮草丛里，随后找个地坑定居下来，再也不搬了，可它们在一生的旅程之初却是狂热奔放的杂技演员。在降落到平常低矮的住所之前，它们只偏爱陡峭的高地。更上一层楼是它们的第一个要求。看来，我尽管立了一根9英尺的竿子，竿子上的枝条分布适当、方便攀登，可仍然没能探及它们攀爬本能的极限。

②那些急匆匆攀到最高枝头的蜘蛛挥舞着腿脚，往空中伸展，仿佛要探寻更高的枝条。我们应该重新开始，给它们提供更好的条件。

法国狼蛛通常有恋土之俗，却一时迷上了登高，这让它比其他种类的蜘蛛显得更有趣。尽管如此，它在离家的时刻却不怎么引人注目，因为小家伙们并不是一哄而散，而是一小批一小批分先后离开妈妈。如果是普通园蛛或是背上饰有三个白十字的十字园蛛（也叫王冠蛛），场面便会好看许多。③十字园蛛11月产卵，第一股寒潮一来就断了气。它可不如狼蛛长寿。早春时节离开孵好的卵袋后，它就再也见不着第二个春天了。

这只装着卵的皮囊全无环带园蛛和纺丝大蜘蛛卵袋的精巧结构。对那精巧的卵袋，我们真是敬佩有加。这儿，我们见不到优雅的气球形状，也见不到有着星形底

❶叙述
　　狼蛛本应生活在地面，但它们却热衷于攀高。

❷动作描写
　　它们并不满足9英尺，它们还有更大的空间，它们是天生的攀岩家。

❸对比
　　十字园蛛的生命极其短暂。

❶解释说明………

介绍十字园蛛的作品，解释了小蜘蛛是如何出世的。

❷叙述说明………

介绍十字园蛛是如何做出白丝小丸的。

❸介绍说明………

介绍了环带园蛛和纺丝大蜘蛛将卵放在哪儿，以及放在那里的理由。

座的抛物面；再也没有坚韧、防水的光滑材料，再也没有天鹅绒似的东西，再也没有包裹着卵的内蛹。这儿对结实布料的制造和间隔套间隔的构造都一无所知。① 十字园蛛的作品是白丝小丸，由柔软的毡料织造而成，新生的小蜘蛛可以轻而易举破囊而出，无须早已过世的妈妈帮忙，也不必依靠卵袋在某个时刻自动裂开。它的大小似李子。我们可以从其结构判断出制作方法。② 就像前面那只在我的陶盘里忙活的狼蛛一样，十字园蛛在相邻几个物体间扯上几根蛛丝，然后在蛛丝支撑下，开始做一只浅浅的盘子。浅盘做得相当厚，免得往后再来加固。

你很容易猜出整个过程。腹尖从上往下，又从下往上均匀地敲打着，同时，这工匠的位置也稍有移动。吐丝器往已经织好的丝毯上一次添上一点蛛丝。当厚度达到要求后，蜘蛛妈妈便倾囊而出，不停歇地把卵都产到丝盆中央。那些卵呈漂亮的橘黄色，卵身湿漉漉的，粘在一块儿，形成一个球状的卵团。吐丝器又重新开始工作。卵团上罩上了一个丝帽，模样就像刚才那只浅口盘。这上下两半严丝合缝，组成一个完整的球体。③ 环带园蛛和纺丝大蜘蛛是做防雨材料的专家，都把卵产在高处，放在灌木丛和荆棘堆里，完全无遮无挡。用来做卵袋的厚织物足以保护卵不受冬季严寒的侵袭，它甚至还能防潮。而十字园蛛则需要找个缝隙来放自己的卵，因为它的卵是装在不防水的毡料里的。它会在完全敞露在阳光里的石堆间挑选一块大石板当屋顶。它将它的小丸安置在下方，与冬眠的蜗牛做伴。不过它更偏爱那些

注释
一无所知：什么也不知道。

长得密密麻麻、缠成一团的矮小灌木，那样的灌木有八九英寸高，冬季叶子长青。找不到更好的地方的话，一堆草丛也能派上用场。不管卵袋放在什么庇护所，它总是贴近地面，越隐蔽越好，周围都有枝叶纠结。

我们发现，除了有大石头当顶的地方，它选的地点都不怎么符合卫生要求。园蛛似乎意识到了这一点，即使是在石头下，它也总不忘为自己的卵搭个顶，添一层保护。它用一点儿丝将一些细碎干草胶合起来，罩在卵上。卵子的寓所变成了一个草棚。

①我真是鸿运当头，在围墙里的一条小径边上，在几丛地丝柏或黄衣草当中，找到两个十字园蛛的巢。这就是我计划中的所需之物。这一发现显得非常珍贵，因为它们离乡的日子近了。我准备了两段长约15英尺的竹竿，竹竿从顶到底都长有小枝条。②我在第一个巢旁栽下一根竹竿。我把周围地面的乱草杂物都清理干净，因为如果蛛丝被风一送，那些茂盛的植物随随便便就可以把移民带离我为它们设置的大道。我将另一根竹竿立在院子当中，竹竿孤零零的，离任何突出的物体都有一段距离。第二个巢连灌木及所有东西都原样搬到枝条参差的高竿底下。

预想中的事情不久就来临了。5月头两周，这两家子，一家稍早，另一家稍后，各傍着一根竹竿攀爬，离开了各自的皮囊。③它们离家的方式倒不出奇。这些外来者的领地是由一个非常松散的网络构成，它们蜿蜒穿行其中。这是些小小的橘黄色虫子，身子后部顶着块三角形黑斑。只需一个上午，一家子就露面了。这些放飞的小家伙们逐渐爬到最近的枝条上，爬上竿顶，吐出几根丝来。很快，它们就集合起来，聚成球形，有胡桃那

❶铺垫、说明
意外发现给"我"的实验提供了所需之物。

❷叙述
"我"为蜘蛛设计出合适的路线，并为此仔细清理环境，表现出"我"对此事的重视。

❸细节描写
这些十字园蛛一出生就知道攀爬。

么大。它们全都把头塞在里面，屁股露在外面，一动不动，静静地打着瞌睡，让阳光哺育它们茁壮成长。

它们腹中藏有丰富的蛛丝，这是它们唯一的继承物，它们打算借此奔向广阔的世界。

我用根小草戳戳那团蜘蛛球，给它们制造点混乱。所有蜘蛛马上醒了。① 球体轻轻胀开、胀大，仿佛有股离心力在起作用。它成了一个半透明的球，里面有成千上万条细腿在抖动，蛛丝也随之拉伸开来。整个球完全散开了，变成一道精美的纱幕，上面散布着蜘蛛的整个家族。于是，我们就看到一团优美的星云，在它乳白色的底子上，小动物们就像闪闪的橘色星星。这种星罗棋布的状态，尽管会持续数小时之久，却也还是一时的现象。要是冷风吹来，或者大雨临门，它们马上又会聚成球形。这是一种保护措施。

在一个暴雨过后的早上，我发现每根竹子上的家庭都跟头天一样完好无损。蛛丝纱幕和球形结构为它们有效地挡住了倾盆的大雨。绵羊也是这么做的。当羊群在牧场突遇暴风雨时，大家就会聚拢来，挤成一团，用背部共同抵挡风雨。

劳顿了一上午后，即使是风停雨歇的晴朗天，它们通常也会聚成球形。下午时，这些爬虫们便纷纷凑到高处。② 在那里，它们织出一个圆锥形帐篷，就以一根竹枝的枝尖为篷顶，它们紧紧地挤成一团，就在帐篷下过夜。

第二天，当气温又回升时，那些登高者便又排成长长的纵列，沿着纱幕往前走。这纱幕本是几个蜘蛛先锋草草编成的，后来者又动手细细补缀。③ 在三四天里，我的这些小移民每天晚上都团成球

❶场景描写
生动地描绘出受到"我"的打扰后蜘蛛球有何反应，场面十分美丽。

❷叙述
每天下午十字园蛛都会在高处织出一个圆锥形帐篷，表现出它们的团结。

❸说明
十字园蛛酷爱阳光与攀岩。

形躲进一个新帐篷里，一直等到早上太阳晒热了才出来。它们就这样，在两根离地 15 英尺的竹竿上一步步成长，直到吸收了应有的光照量。它们的攀高行动因为没有立足点而宣告结束，在通常情况下，它们不会攀得这么高。① 小蜘蛛们控制的领地一般是矮树丛和灌木林，它们可以提供各个方向的支柱，粘在上面的蛛丝被旋气流一吹就到处飘散。有了这些架在空中的蛛丝桥，它们离开枝叶就一点儿也不难了。每个移民都有自己离家的吉时，都有自己最适合的离家方式。

❶叙述
说明了小蜘蛛们更适应的地方是矮树丛和灌木林。

我的布置多少改变了蜘蛛的环境。那两根柱子离周围的灌木丛都有些距离，院子当中的那根尤其如此。搭桥是不可能的了，因为荡在空中的蛛丝都不够长。于是，那些一心想离去的杂技演员就一直往上爬，再也不回头，它们被逼着往高处去寻找低处找不到的合适地方。我的两根竹竿大概也还是不够高，测试不出那些攀爬高手能达到的极限。

② 我们马上就能明白这种攀爬嗜好的目的。园蛛拥有这种本能是相当引人注目的，因为它们的领地是低矮的灌木丛，它们就在灌木丛里张网织罗。而狼蛛拥有这种本能就更令人吃惊了，因为除了走下妈妈后背的那一段时间，它再也不会离开地面。可在它扬帆起航之际，却同幼小的园蛛一样表现出一副依恋高处的模样。我们还是对狼蛛做一番特别分析吧。

❷总结
园蛛爬高的目的是找到合适的地方帮助它们离家。

③ 它在离家之时突然激发出一种本能，几个小时后它又迅速而且永远地失去了这种本能。这就是攀爬的本能，是成年蜘蛛所不知，而获得自由的幼蛛很快忘却的本能。在日后漫长的时光中，那些幼蛛必将在地面上流浪奔波，哪怕是草秆尖也不会有谁想去攀

❸总结、说明
狼蛛的攀爬本领只是一瞬间的，很快就会消失了。

爬。完全成年的蜘蛛惯于下套捕猎，它躲在堡垒里伺机而动；幼小的蜘蛛则在矮草丛里徒步捕猎。两者都没有张网，因而也不需要高处的接触点。它们不可能离开地面去爬高。

❶解释说明………
交代了狼蛛突然间拥有攀岩本领的原因。

①然而，我们在此见到的幼狼蛛，只想离开儿时的家，用最简便、最迅捷的方法远游；于是，突然变成了狂热的攀岩家。它急癫癫地攀上出生地——笼子的金属丝格，匆匆忙忙地蹿到我为它准备的高竿上。如果是在荒原，它也会照样爬到灌木枝尖上。我们对它的目的有所觉察。在高处，它可以窥见下面广阔的地域，然后吐出一根垂丝。风吹动蛛丝，也将粘在上面的它送了出去。我们有我们的飞机，它也有它的飞行器。一旦旅行结束，这种聪明本事便消失得干干净净，不留痕迹。天生的攀高能力在需要之时陡然现身，又陡然消失，好一个来去无踪啊。

精华赏析

作者通过细致的观察，对狼蛛、十字园蛛进行了描述，并解释了它们攀高的秘密，让读者对这两种昆虫有了一定的了解。

延伸思考

1.环带园蛛把卵放在哪里？

2.狼蛛爬高是为了什么？

•••••• 昆虫记
KUNCHONG JI

相关链接

　　本章主要介绍了狼蛛和十字园蛛的生活特性，解释了蜘蛛攀高的秘密。开头处狼蛛妈妈带着小狼蛛离家的故事，用仿佛童话故事般的口吻讲述了小狼蛛攀高离开的场景，以此引出下文，为后文介绍蜘蛛的习性做铺垫。文中运用了大量比喻、拟人等修辞手法，写出了蜘蛛的智慧和饱满的活力，同时也介绍了蜘蛛的孵化、聚集和分别离去等生活过程。最后对蜘蛛攀高的原因进行了解释，原来是为了更方便快捷地离开居住地，与开头的故事相呼应。

幼虫独有的免疫功能

名师导读

　　蝎子身上带有很强的毒性，然而有一些昆虫的幼虫被蝎子刺了之后却没有死亡，这究竟是怎么一回事呢？

❶开门见山
　　表明获得真理的道路总是充满曲折。

　　我们对蝎子的秘密掌握得实在太少，以至于一些意想不到的情况常常会使问题变得复杂化。对生命进行的研究，使我们得到了许多意外的发现。① 一次次结果相同的实验，几乎让我们得到了一个定律；而这时，一些出乎意料的事，又把我们引上一条与先前相反的新路。这条新路上的那个疑点，即是我们获得真知的最后一站。

　　如今，金匠花金龟的幼虫就使我做了一次转向。昆虫学家在研究昆虫时，都是一些施刑者，因为他们没有别的办法让昆虫开口说话。他们惯用青蛙、豚鼠，甚至狗。而对于我这个简陋的实验室来说，金匠花金龟的幼虫就足够了。

　　寒冷的深秋季节到来了，这并未使蝎子的活动减缓下来。生活在暖湿的腐叶堆里的金匠花金龟幼虫，胖乎乎的，脊背仍然柔软，灵活、精力充沛。

　　我将幼虫和蝎子放在一起。蝎子没有立即进攻，

读书笔记

而幼虫却拼命逃窜。它仰面朝天，沿着围墙爬。蝎子一动不动地看着它爬。当幼虫沿着圆形的竞技场又绕回到它身边时，蝎子闪身让它过去。因为这条幼虫不是它喜欢的猎物，更不是危险的对手。如果仅仅为了杀戮而杀戮，蝎子可没这种怪癖。

我骚扰它们，用草去撩拨它们，想让它们交手。可那条幼虫压根儿就不想打仗，它是个怯懦的家伙，危险时刻就缩成一团。蝎子未识破我这挑衅者的用心，而将怨气发泄在了它的邻居身上。蝎子挥起毒针，刺向对方。真是百发百中，因为幼虫的伤口在流血。

这条幼虫不再受到骚扰，便舒展开身体逃走了。它用背行走，走得如平时一样快，就像没受伤一样。被放在沃土上的幼虫迅速地钻进土里。两小时后我去拜访它，它和接受实验前一样精力旺盛；第二天，它的身体依然健康。① 为什么它没有反应呢？如果是成虫，早就一命呜呼。而这条幼虫却不可战胜。既然伤口流血，就说明毒针扎得很深。但是，很可能毒针没有往伤口里注毒液，因而，这个刺伤是良性的。那么，我们再来做一次实验吧。

② 仍然是这条虫子再一次被另一只蝎子刺伤，结果和第一次一样，伤员很自如地用背部爬行，钻到那堆腐叶下面，又开始静静地吃东西了。毒液在它身上没有反应。

这种免疫力不会是一个例外，在金匠花金龟中没有特权者，其他同类应该也有这种抵抗力。

我挖出了 12 条金匠花金龟的幼虫，然后，让它们被蝎子刺伤。当毒针扎进身体时，它们都微微地扭动了一下。如果嘴能够得着伤口，它们就会用嘴去舔伤口上

读书笔记

❶叙述说明
面对意外的情况，"我"给出猜想和解释，同时引出下文中的实验。

❷动作描写
幼虫对蝎子有着惊人的免疫力。

的血。很快，它们就恢复了平静，腿朝天爬行着，钻进沃土中。接着四天我都去探望它们，毒液好像并没有将它们置于死地。

❶侧面烘托

"第二年"充分说明了蝎子毒对金匠花金龟幼虫并无影响。

①第二年6月，那12条被可怕的毒针刺伤过的幼虫结茧了，它们将在里面蜕变。

这个奇怪的结果，使我回想起一个科学家向我们讲述的有关刺猬的故事。他说：②"一只母刺猬正在给孩子喂奶。我把一条毒蛇扔进箱子里。刺猬马上就感觉到了，它是靠嗅觉而不是靠视觉辨别物体的方向的。它起身，毫不惧怕地向毒蛇走去，用鼻子去闻毒蛇，从尾巴闻到头部，特别仔细地闻了嘴巴。毒蛇咝咝地叫着，在刺猬的鼻子和嘴巴上咬了好几口，好像是为了嘲笑一个弱小的进攻者。刺猬只是舔了舔自己的创口，又继续进行查看，结果又挨了咬，但这一次是咬在舌头上。最后，刺猬抓住毒蛇的头，把它嚼碎，连毒牙和毒腺也给咬碎了。吃了半条蛇后，它又回到孩子的身边躺下，给它们喂奶。晚上，它吃掉了剩下的半条蛇。它的身体并未因此而不如孩子们健康，甚至连伤口也没有肿。

❷举例说明

金匠花金龟幼虫不怕蝎子毒的事，让作者想起了刺猬，二者有很强的相似性。

"两天后，这只刺猬又和另一条蛇展开了一场新的斗争。刺猬走到毒蛇身边去闻它。毒蛇张开嘴，抬起毒牙向刺猬扑去，咬住了它的上唇，好一会儿才松口。刺猬抖动一下身体挣脱出来。尽管它鼻子上被咬了6下，其他地方被咬了20多下，可它还是抓住了毒蛇的头。尽管毒蛇的身体在扭动，刺猬还是慢慢地把它吃了下去。这一次，刺猬母子仍旧没有出现病态反应。"

据说，小亚细亚蓬特国国王米特里达特为了预防敌人下毒，让自己养成喝各种毒酒的习惯。渐渐地，他的胃便适应了这些毒物。另一位米特里达特也是这样获得

📖 读书笔记

免疫力的吗？它难道不是天生就有这种本领吗？当它第一次嚼食毒蛇脑袋时是否已经具有抗体呢？

金匠花金龟告诉我们，它亦具有免疫力。如果昆虫类中某种昆虫应该预防蝎子刺伤，那也不该是金匠花金龟。①它和蝎子出没的场所不同，它们几乎见不着面。再说，金匠花金龟的幼虫并没有毒瘾。我放在蝎子面前的那些幼虫，恐怕是第一批见到蝎子的金匠花金龟幼虫。尽管它们没有任何防备，但却有抵抗蝎毒的能力。

专门消灭毒蛇的刺猬具有从事这种职业所必需的特长，这倒是符合逻辑的说法。同样，生活在地中海沿岸最美丽的鸟——蜂虎的肚子里装满了活的胡蜂却安然无恙，杜鹃的胃里布满了毛虫的毛却不会痒，因为它们所从事的职业要求如此。

我想弄一些肥胖的、被扎破了肚皮也不动声色的虫子。我终于如愿以偿。②我从橄榄树腐烂变软的老根上，得到了葡萄根蛀犀金龟的幼虫。这种虫有拇指那么粗，活像一根小肥肠。胖乎乎的虫子被蝎子刺伤后，钻进了大口瓶里腐朽的橄榄木块中，它们对遭到的意外并不在意，照样吃得香睡得稳，8个月后变得膘肥体壮。它给自己准备了一个窝打算在里面蜕变，它经历了可怕的实验却安然无恙。

要想得到预期成功，还得依靠其他虫子的配合。在我家门口有两棵桂樱，一年四季青翠碧绿。可是，一只天牛把它们毁了。这是一种寄住在英国山楂树上的小天牛，氰酸香味不但没令它们讨厌，反而还吸引着它们。这种带角的漂亮昆虫之所以知道这种树的味道，是因为它经常光顾有点苦味的山楂树的伞房花絮。桂樱那么讨它喜欢，它把家也安在了那儿。为了挽救我的树，得用

❶叙述
"我"认为这两种生物并不出现在同一场所，金匠花金龟幼虫不应该具有这种能力。

❷实验证明
葡萄根蛀犀金龟的幼虫，对蝎子同样有着免疫力。

✎ 读书笔记

斧子帮忙了。

❶行为描写

不仅是金龟的幼虫，各种昆虫的幼虫都有着强大的免疫力。

①我把被损害得最严重的茎砍掉，从一截劈开的树干里，得到了12只天牛幼虫。现在，轮到我跟它算账了，它破坏了我绿色的摇篮，我要让它死于蝎子之手。天牛成虫很快就死去了，可是幼虫却活了下来。大口瓶里有砍下的木头碎块，住在里面的幼虫优哉游哉地啃着木头。只要粮食不断，这些被刺伤的幼虫就能度过幼虫期。

❷提出疑问

表达"我"心中的疑问，设置悬念，引出下文的实验。

橡树上的天牛也是如此。带角的成虫死了，幼虫却不在乎蝎子的毒针。普通鳃角金龟结果也是一样。②这些专吃植物、大腹便便的虫子所具有的免疫力，是不是和它们所吃的食物有关呢？这些食客储存能量的脂肪层是否能中和毒液呢？我们去请教一些瘦型鞘翅类食肉亚目吧！

我选了鞘翅类食肉亚目中最强壮的高丽亚绥斯黑步甲。当我在墙脚下发现这个黑色斗士时，它正好发现一只蜗牛。这个生来就好战的强盗把鞘翅合成了不可攻破的护胸甲。我把这副甲胄的后面削去了一些，以便使蝎子的毒针能从这个唯一可以插入的地方插进它的上腹部。

❸动作描写

生动地记录了高丽亚绥斯黑步甲中毒之后的样子，表现出它身体的不受控制和僵硬。

这儿又重演了金步甲的悲惨结局。被刺伤的昆虫先是拼命地逃，接着突然停了下来，腿部变得僵直，身体也僵直起来。③它抬起尾部，低下头，靠大颚支撑着，那姿势好像栽了跟斗似的，一阵痉挛将它击垮。它倒下了，但很快又站起来，腿绷得直直的，踮着脚尖。看它那样子，关节好像是由铁丝架控制的，活像一个靠生硬的弹簧伸缩控制的木偶。痉挛再度发生后，它又摔倒了，20分钟后它才死去。

那么，它的幼虫呢？它们不像有些昆虫有一层起保护作用的脂肪。①受到蝎子毒针轻微伤害后的两个星期，它们钻进土里，挖了一间斗室在那里蜕变。

在鞘翅目昆虫之后，蝴蝶告诉我们，某一昆虫在昆虫系列中所占的地位也与免疫力无关。第一个考察对象是豹蠹蛾，它的幼虫是各种树木的灾星。我抓到一只正在把产卵管插进一棵丁香树皮的裂纹里准备产卵的豹蠹蛾，它穿着非常漂亮的蓝点白底的衣裳。我把它交给了蝎子。事情拖得并不久，漂亮的豹蠹蛾被刺伤后很快进入了弥留状态，它没有胡乱地挣扎，死得很平静。

②那么，它的幼虫呢？它们被刺伤后还和以前一样健康。

用蚕做实验则更加便利。我让蝎子刺伤了14条蚕。蚕的皮肤细腻，身体丰满，因此，每次被毒针刺一下就会大量出血。那滴在桌上的液体看上去有些像琥珀。

重新被放到桑叶上的伤蚕几乎是迫不及待地吃起桑叶来，胃口和平时一样好。10天后，所有的蚕都结了茧，茧的形状和厚度都很标准。事实证明，蚕对蝎子的毒针有抵抗力。至于蚕蛾本身，它们死了，只是像大孔雀蝶死得较慢那倒是真的，但最终还是死了。毒针对它们总是致命的。

③大孔雀蝶的青绿色的大幼虫为我们提供了明确的结果，被刺出血的幼虫重新回到它的牧场——扁桃树上后，完成了发育过程，然后结出了一个周正精巧的茧。

双翅目昆虫和膜翅目昆虫值得研究。蝴蝶和鞘翅目昆虫，往往得经过蜕变变为成虫。④但是，它们的体形很小，大多数受不了被镊子夹着放在蝎子的毒针下，它们那脆弱的幼虫，皮肤被刺破一点儿就可能会死去。我们还是去审讯那些大块头吧。

❶叙述
和成虫相比，幼虫并没有什么事。

❷设问
跟强大的成虫相比，柔弱的幼虫免疫力要强得多。

❸叙述说明
大孔雀蝶的幼虫被蝎子刺伤之后，安然无恙。

❹解释说明
蝴蝶和鞘翅目昆虫的幼虫比较脆弱，所以选择另一种昆虫做实验。

❶叙述、说明……

这些没有严格定义的幼虫会像蚕的那些幼虫一样有强大的免疫力吗？

❷外貌描写……

详细地介绍了灰蝗在过渡期的样子，还未完全发育好。

❸举例说明……

说明那些整个机体没有发生大的变化的、无法严格定义的幼虫没有强大的抗毒作用。

① 在那些大块头中有不同类别的直翅目昆虫：蚱蜢、灰蝗、白面孔螽斯、蝼蛄和螳螂。它们被蝎子刺伤后，全都会死去。然而，这类昆虫在进入交尾仪式为标志的完全成熟期之前，要经过一个过渡期。这个时期的昆虫既不能算作真正的幼虫，又和成虫没有一点儿相似之处；这是一个低级阶段，是昆虫进入交配期前完成发育的阶段。

② 葡萄收获的季节，我们在葡萄藤上发现的灰蝗，还尚未长出网状翅膀和坚硬的鞘翅，只有退化成了短尾的原基。变成了成虫的蝼蛄长着宽大的翅膀，折叠起来的翅膀像一条细长的尾巴，围住了腹部的下端。而最初，它只有不太雅观的小翅膀，紧贴着脊背的上部。

在年轻的蚱蜢、螽斯和其他一些昆虫那儿，都能看到这种低级的特征。未来具有飞行功能的宽大翅膀的胚芽，就蕴含在这些小里小气的鞘套里。至于其他的昆虫，从一开始装束就基本上和成虫完全一样。直翅目昆虫随着年龄的增长而发育成熟，但不发生蜕变。

那么，这些不完美的、翅膀发育不全的小昆虫能像真正的幼虫，如鳃角金龟幼虫和天牛幼虫以及蛀犀金龟幼虫和蚕蛾幼虫那样承受住蝎子的蜇伤吗？如果这些年轻的昆虫体内充满的液体相当于足够剂量的预防药，我们就该看到这些幼虫具有免疫力。③ 事实并非如此。就拿蝼蛄来说，不管是有翅膀的还是无翅膀的，也不管是年轻的还是年老的，全都会死。螳螂、蝗虫和蚱蜢也都一样，不管是成熟的还是未成熟的，也全都会死。

根据昆虫对蝎子的抵抗力，我们把昆虫分成两类：一类昆虫经历了真正的变形，整个机体随之发生变化；

而另一类只发生一些次要的变化。第一类昆虫的幼虫有抵抗力，而成虫死了。第二类昆虫的幼虫和成虫都死了。

① 为什么会有这种差别？实验结果告诉我们，受试者越是粗俗低贱，抵抗毒针的能力就越强。狼蛛、圆网蛛和螳螂这些敏感性强的昆虫，都会当场死亡；充满活力的金步甲、黑步甲像吃了中枢兴奋药那样立刻发生痉挛；热情的运粪工金龟子像患了舞蹈病似的乱奔乱跑。相反，笨重的蛀犀金龟和喜欢在蔷薇蕊里休眠的金匠花金龟忍受着痛苦，肢体微微抽搐了好几天才死。地位在它们之下的蝗科昆虫蝗虫是杰出的粗俗昆虫，更低等的有蜈蚣这种机体不全的低等昆虫。很明显，毒液起作用的快慢取决于受刑者机体的敏感性。

我们来单独研究一下变形的高等昆虫。使用变形这个词是顾名思义，指形态的改变。那么，从幼虫到蛾，从生活在腐质土中的幼虫变成金匠花金龟，是否仅仅是形态的改变呢？蝎子的毒汁告诉我们，其中还有更深刻、更奇妙的变化。② 变形昆虫的体内发生了一次深刻的变化，事实上，物质成分始终没有变，但发生了熔融，从而使原子结构变得更精巧。昆虫变得神经质地颤抖，这是交配期的昆虫最重要的一个特征。坚硬的鞘翅、瓣胃、绒球、晃动的触角、步行的足、飞翔的翅膀，所有这些都很棒，但这一切又没有任何价值。

蝎毒这种卓越的化学试剂能区别对待幼虫和成虫的肉体，它对前者温和，对后者却是致命的。

这个奇怪的结果又引起了一个问题，这个问题对于主张注射血清、接种疫苗来减轻病毒的著名理论来说并

❶总结、说明……

通过诸多实验总结出各种受试昆虫抵抗毒液的能力。

❷叙述……

交代了高等昆虫从幼虫到成虫发生的变化。

读书笔记

注释
顾名思义：看到名称就联想到它的意义。顾，看。义，意义。

不陌生。一条经历过完全变形的幼虫被蝎子刺伤了，自然会有人说它接种了疫苗。从这个意义上说，它已经感染了病毒。这种病毒在未来将致命，而在目前状态下不会产生严重后果。①接种者似乎对注射没什么反应，还可以继续吃东西，继续从事幼虫日常进行的工作。

❶叙述

虽然作为幼虫没有受到伤害，但等这种幼虫变成成虫之后会有什么影响呢？

　　然而，这种毒却不可避免地以这样或那样的方式，对昆虫的血液和神经产生影响。它是否能阻止昆虫变形后产生易受损伤的特点呢？凭借从小养成的对毒性的适应力，成虫是否会有免疫力呢？它们能不能像米特里达特抵抗毒药那样抵抗蝎毒呢？总之，经历过完全变形过程的昆虫，如果在幼虫时期被蝎子刺伤过，它们是否因此具有抵抗毒针的能力呢？这就是问题的所在。

❷议论

这段话暗示了事实非如此。

　　②人们是那么迫切地希望得到肯定的答复，以至于一开始就回答：是的，成虫将会有抵抗力。不过，我们还是应该让实验来说话。

　　我准备了4组昆虫，第一组由12只金匠花金龟幼虫组成，它们10月份被刺伤过，后来又重新接种，也就是说5月份又被刺伤一次。第二组也是12只金匠花金龟幼虫，但它们只在5月份被刺伤过。4只大戟上的棒天蛾蛹组成了第三组，它们是4月份被蝎子刺伤的毛虫变来的。最后一组是蚕茧，这些茧是我前面提到过的被刺得血淋淋的蚕结出来的，变形完成后它们都得再次接受蝎子的手术。蚕蛾使我在急切的等待之后得到了答案。③两三个星期后，蚕蛾扭动着身体在交配，虽然它们在幼虫期被刺伤过，可交配时的热情丝毫没有因此而降温。我让它们接受考验，结果所有被刺的蚕蛾两天后都死去了。预防接种并未改变结果，以前没接种过的和接种过的蚕蛾，都会死。

❸叙述

说明被刺之后的幼虫到目前为止没有任何不适的反应。

然而，这个结论下得未免有些草率。我还会得到更有力的证据，我对棒天蛾抱有信心，对强壮的金匠花金龟更是充满了信心。① 从理论上讲，在幼虫时期已经感染过病毒的棒天蛾应该具有免疫力，可它还是保持着通常所具有的易受损害的特点，它被毒针刺伤后就立刻身亡，和幼年时没有接种的棒天蛾完全一样。

② 也许是因为幼虫期和蚕蛾期先后两次刺伤时间的间隔太短，病毒疫苗还没有能够在机体中起到应有的作用；也许需要更长时间使疫苗在昆虫的机体中产生深刻的变化，使其产生抵抗力。金匠花金龟幼虫也许将消除这种不利因素。

有一组金匠花金龟的幼虫曾经被刺伤了两回，一次在 10 月，另一次在次年 5 月。成虫 7 月底破壳而出，从第一次受伤到现在已经过去了 10 个月，自第二次受伤到现在也有 3 个月了。现在，成虫是否具有免疫力了呢？

③ 根本没有。那 12 只幼虫期接受过初种和复种的金匠花金龟被蝎子刺伤后全死了，和静静地出生在腐叶堆里的同类死得一样快。12 只仅在 5 月接种过一次的金匠花金龟也是死得一样迅速。在这两组昆虫身上采用的方法，最初使我充满了信心，结果却遭到了惨败，我为此感到无地自容。

我又尝试了另一种方法，那就是输血法，类似于注射血清。对蝎子的毒液有抵抗力的金匠花金龟幼虫的血液，应该具有一些特殊的作用，正好抵消毒液的毒性。④ 把幼虫的血输入成虫的体内，能否把幼虫的能量带入成虫的体内，使它完全免于中毒呢？

我用针头扎破了金匠花金龟幼虫的皮肤，血大量地

❶叙述说明
棒天蛾被刺后死了，说明它免疫力低。

❷推测
实验与预想中的差别，是不是因为一些客观因素的影响呢？

❸叙述
交代这一次实验的结果，这与"我"的预想不一样。

❹设置疑问
作者考虑了多种可能，引出下文。

流出来。我将血集中在玻璃里，用一根直径很小、一头尖利的玻璃管当注射器。我用嘴吸了一下就将血液吸入了玻璃管。我先用针尖在它的肚子上扎出一个眼，以便插入脆弱的注射器。然后，我用嘴对着管子吹，把血液输入金匠花金龟的体内，主要是在腹部。金匠花金龟顺利地经受了手术。由于补充了一些幼虫的血，再加上伤势又不严重，它看起来非常健康。

这种治疗方法的效果又怎样呢？没有任何效果。① 我等了两天，以便让带免疫力的血液有充分的时间扩散并起作用。现在，金匠花金龟面对着蝎子，蒙上您的脸吧，荒谬的生理学家，金匠花金龟同输血前一样，还是死了。昆虫不是用调制化学剂的方法调配出来的。

读书笔记

❶叙述

说明这一种说法也是不成立的，输血法根本没有用。

精华赏析

作者先由金匠花金龟幼虫被蝎子刺后不会死这一现象引出金匠花金龟幼虫不怕被蝎子刺。通过一次次实验，最终发现有些幼虫对蝎子的毒有免疫力这一事实，从中可以看出作者是一位善于思考、思维严谨的人。

延伸思考

1. 哪些昆虫被蝎子刺伤后会死亡？
2. 输血法能让金匠花金龟不怕被蝎子刺吗？

相关链接

　　本章中作者主要对各种不同的昆虫被蝎子刺伤之后的反应进行了研究。开头处提出对蝎子进行研究，开门见山引出下文，随后交代了各种不同的用于蝎子研究的昆虫。作者在多次实验中发现，一部分昆虫的幼虫对蝎子的毒素具有神奇的抵抗力，但成虫却没有；另一部分昆虫不管是幼虫还是成虫都毫无抵抗能力。作者开始怀疑是否是因为幼虫可以由此获得疫苗的效果因而对毒素产生抗性，但实验证明即使是幼虫时期被刺伤之后生还的昆虫，在它长大之后再次被刺伤时也仍然会死。最后作者再次进行实验，将具有体抗力的幼虫的血液注入成虫体内，结果还是失败了。在本章中作者反复进行各种不同的实验，但均未能取得成功，不过却证实了，一部分昆虫的幼虫具有奇特的免疫力。

嗅觉灵敏的昆虫

名师导读

　　狗的嗅觉很灵敏，然而有的昆虫的嗅觉比狗还灵敏，它们能准确地找到埋在地下的食物……

　　在物理学的领域内，现在大家都在谈伦琴射线（X射线）。这种射线能穿透不透明的物体，为我们把看不见的东西拍摄下来。这是个多么奇妙的发明创造啊！① 然而，当我们更好地了解事物产生的原因，并且用我们的记忆弥补我们感官的缺陷，因而能够同野兽、昆虫的感觉器官的敏锐性比试一下的时候，在未来令人惊奇的事物面前，这种奇妙的发明创造却又多么微不足道啊！

　　动物感觉器官的敏锐性告诉我们，我们确实缺少信息情报，我们那感受性强的设备也显得效能平平。在我们所掌握的科学知识以外，还存着许多令我们目瞪口呆、惊讶不已的事物。

　　一条可怜兮兮的毛虫——松树上成串爬行的毛虫，把自己的背劈开成气象气窗，这些气窗能预测未来的天气和猛烈的风暴。② 猛禽是难以想象的老视患者，但它

❶对比、反衬……
　　通过对比衬托出野兽、昆虫感官的敏锐性。

❷举例说明………
　　通过列举各种兽类和昆虫的例子，来说明动物的感觉器官非常敏锐。

156

却能从云端高处看见藏在地上的田鼠。瞎眼的蝙蝠能引导自己畅通无阻地穿越帕兰扎尼。信鸽远离故乡几百里，但它能穿越自己从未经过的广阔无垠的土地，万无一失地飞回它的鸽笼。一只不起眼的石蜂能轻轻拍动翅膀，飞越陌生的地区和长距离的路程，安然无恙地返回自己的蜂巢。

狗的主人大多知道，狗有凭借它们的嗅觉寻找块菰（亦称松露，一种昂贵美味的调味品）的功绩。这种动物行走时鼻子朝天，有时用它的爪子抓刨土地。看似轻松自在，实际上它是全神贯注专心致志地在履行自己的职责。① 它仿佛对主人说："好啦，亲爱的主人，狗是信得过的，块菰就在那儿。"

它说的是真话。主人在它指出的地点搜寻。如果牧羊人的铲子或牧棒弄错了地方，狗就用鼻子嗅一下抓刨的洞底，让棒子回到正确的方向上来。别担心会遇到石子堆，别担心会遇到根。尽管障碍重重，块菰埋得很深，也一定会出现。狗的鼻子是不会撒谎的。

据说，这就是嗅觉的敏感性。如果人们这样说是指动物的鼻腔，指的是感觉器官，我倒很希望情况就是这样。② 但是，被感觉到的东西总是一种通俗意义上的气味吗？是一种像我们的易感受的那种气味吗？我有理由对此表示怀疑。让我们来叙述一下事实吧。

我多想同一条精通业务的狗打交道。当然，这条狗其貌不扬。它沉着、冷静、粗俗不雅、毛发蓬乱，但它却是干活儿的艺匠。

这条狗的主人是村子里有名的块菰挖寻人。当他确信我的意图并不是窃取他的秘密，而是用笔把地下植物画下来记下来时，于是，他准许我同他的狗结伴。我们

❶语言描写

给狗赋予人的语言，使文章更加生动、有趣。

❷巧用问号

反映了"我"对此有不同的认识，持怀疑态度。

约定，这条狗愿意干什么就干什么，凡有所发现，必须对狗加以奖赏。

采集地下植物标本的工作进行后，硕果累累。① 这条狗用它敏锐的鼻子不加区别地为我收集到粗大的和细小的、新鲜的和腐烂的、无味的和有味的、芳香的和恶臭的东西。我对收集到的东西惊讶不已。其中，还有生在地下的蘑菇。

❶ 叙述
介绍这条狗发现的东西，甚至连地下的蘑菇也都发现了，表现出了它的嗅觉灵敏。

香味，多种多样的香味，在嗅觉问题上具有重要的性质。然而，只有真正的块菰才具有美食家钟爱的香味。如果说我们所理解的气味是这条狗的独一无二的向导，② 那么，这条狗又是怎样行事的呢？它被一种普通的散发物，如真菌散发出来的味道告知泥土中隐藏的东西吗？于是，一个令人费解的问题出现了。

❷ 疑问
提出心中的疑问，引导读者思考，同时引起读者的阅读兴趣。

我向狗学习后，有了这样一个信念：能够提示地下块菰的鼻子，有个比我们根据自己的嗅觉能力想象出的气味更好的东西。这个向导大概还能感觉到另一种气味。对我们来说，由于我们没有它的资料，因此神秘莫测、难以摸透。

块菰挖寻人尽管长期干他那一行，尽管他寻找的块菰发出香味，但他却无法嗅出和发现这种块菰，虽说它埋在地下并不很深。他不得不求助狗和猪的帮助。③ 据我所知，昆虫在这方面的能力还要强于狗和猪这两种动物，它们都具有完善的嗅觉。

❸ 对比
通过对狗嗅觉的描写进行对比，引出主人公——昆虫。

比如假绒毛蝇，它在墙脚下或在篱笆和田野里找到块菰。但是双翅类昆虫撒普罗米兹蝇怎么知道块菰在地下呢？如果深入地下去找寻，对这种昆虫来说是办不到的。所以，撒普罗米兹蝇必须把它的卵安放在地面上，安放在覆盖块菰的准确地点，因为它的卵生出的小虫如果缺少粮食，就会死去。

① 因此，对于挖寻块菰的苍蝇来说，信息是靠母亲的嗅觉提供的。这种蝇具有狗那样的嗅觉，而且比狗还要灵敏。因为它什么也没有学过，是生而知之，而狗接受过人的训练。

撒普罗米兹蝇数量极其稀少，且飞离迅速，若想捕捉它，得花好大的气力。所以，我放弃了，好在蘑菇的发现者双翅类昆虫金龟子可以补偿这个缺陷。

金龟子腹部苍白而柔软光滑，身子圆圆滚滚，个儿像樱桃那样大。它正规的大名叫包尔波赛虫。它的腹尖同鞘翅边缘摩擦，发出一种像鸟儿的母亲衔着一口食物回巢时小鸟发出的啁啾声。雄金龟子头上长着雅致的角。这是西班牙蜣螂角的仿制品。

我受这只角的骗，把这种昆虫当成食粪虫行帮的成员。当我给它端来含粪食物时，它竟连碰都不碰一下。② "呸！让我吃牛屎，把我当成什么啦？"这位美食家要求的可是别的东西呀！它要求的不是我们宴席上的块菰，而是与块菰类似的东西。

它这种习性没有经过长期耐心的调查，我不了解。

在塞里昂丘陵的南坡，离村子不远，有个夹杂着几行柏树的小海松林。秋雨过后，球果植物的朋友蘑菇，特别是美味可口的乳菇，满山遍野，如雨后春笋。乳菇被碰伤的部位变成绿色，流出血泪般的液汁。③ 在晚秋温和的日子里，散步的人们在这儿什么都能找到，荆棘筑的旧喜鹊窝、在附近橡树上啄食橡栗鼓起嗉囊后打斗的松鸦、翘起小尾巴突然从一丛迷迭香逃跑的兔子、积粮过冬把挖出来的泥土堆在家门口的粪金龟。还有摸上去软软的沙土，沙土处是挖掘地道和修建木棚的好处

❶概括总结

通过对比证明昆虫的嗅觉比狗更灵敏。

❷拟人

赋予了昆虫人的语言，使文章更生动，更有趣味性，表现出作者幽默的一面。

❸场景描写

这个地方是一个适合动植物生存的好地方，有不少动物。

所。木棚上铺满绿油油的青苔，上面还生长着随风摆动的芦苇和美味可口的土豆点心。随着伊奥利亚活泼的乐声，人们在此美美地品尝着香喷喷的点心，优美的乐声在松林间随风荡漾。

是的，对孩子们来说，这是真正的天堂。至于我，因长年累月照管两种昆虫，却没有了解到它们家庭的隐私。① 其中一种是米诺多蒂菲。这种昆虫的雄虫前胸带着三根指向前方的长矛，古代作家称它为长枪队士兵，因为它们也扛着马其顿长枪队的三行长矛。这是一种长得壮实的虫子。只要天气稍稍转晴变暖，它就在夜幕降临时分小心翼翼地走出家门，在家门口附近找绵羊的粪蛋和被太阳晒干了的老油橄榄。

在松林中，我照管的第二种昆虫是包尔波赛虫，即前面所说的金龟子。② 它的洞穴分散在各处，虽然同米诺多蒂菲的洞穴乱七八糟地混杂在一起，却很容易辨认出来。米诺多蒂菲的洞顶上有个庞大的鼹鼠丘似的土堆。土堆渐渐升高成为有指头那么长的囚柱。这些土堆装载着被这个昆虫挖洞后堆到外面的泥屑。每当这只昆虫在自己家中挖井穴或者享用它的财富时，孔口就关闭起来。

金龟子的住宅大门敞开，仅仅围着一个沙土环形垫子。这个住所不深，垂直下伸到一块十分疏松的泥土里。因此，如果注意首先向前挖掘一道壕沟，就容易查着这个住所。这整个洞穴从口子到底部呈半凸槽形。金龟子在黄昏的宁静中用碎步奔跑，叽叽喳喳，用自己的歌声激励自己。它像狗寻找块菰那样勘探土地，了解地下藏着什么。它的嗅觉告诉它，它企求的东西被几寸厚的沙土覆盖着。③ 它的挖掘往往百发百中。粮食能吃多

❶解释说明
概括介绍了"我"照管的昆虫米诺多蒂菲的特点和生活习性。

❷对比
对金龟子洞穴和米诺多蒂菲洞穴的详细描写告诉我们区别二者的方法。

❸叙述说明
表现了金龟子的生活习性。

久，它就多久足不出户。当什么都不剩下时，它就迁居别处，寻找另一块大面包——蘑菇。这块面包将使一个新洞穴被抛弃。有多少个被吃掉的蘑菇就有多少个居所。

我在家里研究挖块菰的昆虫，自然要为这些虫子储备一些食品。而挖寻这些小隐花植物，金龟子就成了我的向导。就像块菰挖寻人需要他的狗做向导一样。金龟子用它那灵敏的嗅觉辨认出这些蘑菇准确的生长地点。^① 几个小时内，在它的指引下，我挖到了一大把齿菌孢囊。这是我第一次获得这些蘑菇。

当天晚上我就进行试验。用一只宽大的瓦钵盛满筛过了的新鲜沙土。我在沙土上挖了 6 个深 2 厘米、相互间隔适当的井坑。每个井坑的底部放一只齿菌孢囊。每个孢囊上方插一根纤细的麦秸，以显示它的准确位置。最后，这 6 个洞穴全用沙土填平。而后放出那些被囚禁的包尔波赛虫，把它们放到瓦钵里平整的地面上。第二天，沙土被笔直地揭去，每个洞穴的底部都有一只包尔波赛虫，它们正津津有味地品味它的块菰——齿菌孢囊。

齿菌孢囊具有强烈的气味，难道这气味的信息能传给消耗者的嗅觉吗？^② 如果说能，那只是对狗和包尔波赛虫而言，因为这两个才能狭隘的专家的嗅觉只能闻出齿菌孢囊的气味；对于其他的东西，它们的嗅觉是无能为力的。

在一次研究中，我把一只死鼹鼠摆在阳光下，因尸体的膨胀和腐败的臭味，很快导致西绪福斯虫、皮蠹、鞘翅目昆虫成千上万蜂拥而至。因为这儿的确存在我们语言称之为气味的东西。

我的朋友布尔（它生前是条忠心耿耿的狗）有很多怪癖，其中一个就是：^③ 如果它在路上遇到一具干燥的

❶侧面描写

"几个小时""一大把"，突出了金龟子嗅觉的灵敏。

❷总结

通过实验，"我"得出狗和包尔波赛虫对齿菌孢囊的气味很敏感，而闻不出其他的东西。

❸举例说明

通过具体事例表明气味是嗅觉的向导。

鼹鼠的尸体，它会惬意地在这只被路人踩成木乃伊的尸体上，从鼻尖擦到尾巴，让自己的身体摩擦这只死动物的身体。似乎这具尸体是它的麝香小袋囊和它的小香水瓶子。它把身体弄"香"以后便站立起来，抖抖身子，然后离开。它对这种低廉的化妆品似乎非常满意。请读者诸君别毁谤它，别议论它，大千世界什么兴趣和口味都有。

气味、普通的气味、影响我们嗅觉的气味，是由有气味的物体发散的分子组成的，这一点已经得到认可。① 有气味的物质把它的气味传给空气，同时在空气中分解扩散开来。这正像糖在把甜味传给水的同时，又在水中分解扩散一样。

强音压住弱音，阻碍弱音被人听见。强光遮没弱光，它们是性质相同的波。但是，雷鸣不能使最细的光束变得暗淡，正如太阳令人炫目的灿烂不能窒息最微弱的声音一样。光和声性质迥异、互不影响。可是，一粒胭脂红却可染红一湖水，一场雾却可填满广阔无垠的天空。世界上所有的气味因嗅觉的差异，各种动物的敏感程度均不相同。② 你认为臭的东西，它却认为香；你认为香的东西，它却认为臭。真可谓大千世界，无奇不有。

❶ 解释说明

解释我们是如何闻到气味的，用甜味在水中扩散来作类比，非常形象。

❷ 概括总结

通过对昆虫的实验，揭示道理：萝卜白菜，各有所爱。

精华赏析

文章通过对比、举例等手法来展现昆虫的嗅觉很灵敏，再通过实验来验证这一观点，很有说服力。

1.为什么说苍蝇的嗅觉比狗的更灵敏?

2.金龟子有固定的家吗?

相关链接

　　本章主要介绍了昆虫的灵敏嗅觉。开头处用物理学的科技成果伦琴射线的奇妙与人类的感官相对比,突显出人类感觉器官的迟钝,随后又用动物的感官来与人类的科技相对比,强调了动物的感官比人类的科技更加灵敏,作者用了狗寻找块菰的例子来论证自己的观点。昆虫天生就能准确寻找到块菰,而狗尚且需要人类的训练,说明昆虫的嗅觉比狗更胜一筹。作者为了证明昆虫的嗅觉,用金龟子和齿菌孢囊来做了实验,从中证实了金龟子天生灵敏的嗅觉。

昆虫杀手

名师导读

每当提到蜘蛛，人们就会产生厌恶和恐惧，蜘蛛的身上真的带有剧毒吗？这是人们的夸大还是事实？

蜘蛛的名声向来不好：对大多数人来说，它是一种可恶的、有害的动物，人们一看到它就会冲上去一脚踩死。但研究者却不会仓促做出这种结论，他们会认真展开对蜘蛛的研究：① 它具有杰出的编织才能、狡猾的捕食手段、悲剧性的婚姻，还有其他吸引人的特征。的确，即使不是为了科学的目的，蜘蛛也是一种值得用心观察研究的生物。但在传说中，蜘蛛是一种有毒的生物，正是它背负的这个罪名，才使我们产生了最初的厌恶与反感。

说它是带毒的动物，这我是同意的，蜘蛛正是用带毒的尖牙武装自己，才能快速杀死捕到的小昆虫。但杀死小昆虫和杀死人是大不相同的。② 蜘蛛的毒素可以迅速杀死一只被网缚住的小昆虫，但对于人而言，让蜘蛛蜇一下跟被一只小蚊虫咬一口差不多，毒素甚至还少一些，没有丝毫危险。至少我可以保证，在我们居住的地

❶概括总结

对蜘蛛特点的总结，表明"我"对它们进行了认真仔细的研究。

❷对比

通过对比说明蜘蛛的毒对人类来说毒素的量还不够让人死亡。

164

区，绝大多数蜘蛛对人是没有危险的。虽然这样，少数人仍隐隐地担忧。这其中主要是科西嘉的农夫，我们称这种担心为"多余的担心"。我曾看到在泥泞道路的车痕、蹄印里安身的蜘蛛，它布下一张致命的网，得手后勇敢地冲向比自己还大的俘虏。我也曾对它那缀着深红圆点的黑丝绒"外套"欣赏不已。但关于蜘蛛，我知道得最多的，还是那些让人恐惧不安的故事。

① 在阿雅克肖和博尼法乔两地，蜘蛛被当作一种非常危险的、有时能置人于死地的动物。农夫们对这种看法深信不疑，而医生们又未敢反驳。在普约附近，离阿维尼翁不远的地方，农夫们谈到一种蜘蛛时总是忧心忡忡。这种蜘蛛是李奥·杜弗在卡塔洛尼安山脉首次发现的。那儿的人说，被它咬中可不得了。意大利人讲起塔蓝图拉毒蛛也没什么好话，说这种印度蜘蛛会让伤者痉挛狂躁。他们说，这种病症叫作塔蓝图拉症，只能靠特殊的音乐才能除病解痛。这种起医疗作用的音乐和舞蹈疗效显著。这种舞蹈节奏明快、动作灵活，是不是源于意大利卡拉布里亚城的农夫的医术呢？对这些怪事，我们究竟该当真还是仅仅付之一笑呢？② 仅从我所知的这些情况，我不会发表任何看法。没有任何证据表明，这种音乐可以缓解伤者因塔蓝图拉毒蛛引起的狂躁；也没有任何证据表明，仅靠这种快节奏的让人出汗的舞蹈就可以缓解病痛。③ 当卡拉布里亚城的农夫向我讲起塔蓝图拉毒蛛，普约的种田人谈起他们的恐惧症，科西嘉岛农夫提起"多余的担心"，我丝毫没有嘲笑，反而陷入了深思和疑惑。

这些蜘蛛也许真的该受诅咒，至少该受冷遇。在这样的背景下，黑肚皮的塔蓝图拉毒蛛，我所在地区最厉

❶**解释说明**
表现了人们对蜘蛛的恐惧和成见。

❷**叙述**
表现出"我"的严谨态度，不乱发表看法，不轻易得出结论。

❸**排比**
运用排比表现农夫们的谈蛛色变。

害的蜘蛛，也许会引起我们的一些关注。我并不打算探讨医学问题，我最关心和感兴趣的是动物的本能。但既然在捕食战术中起关键作用的是毒牙，我就谈谈它们的功能。① 塔蓝图拉毒蛛的习性，它捕食前的埋伏，它的战术和捕杀猎物的方法，这些是我以下要谈的内容。

　　我很喜欢李奥·杜弗对塔蓝图拉毒蛛的描述，也是这些描述使我走近蜘蛛。这里，我且引出他的一段描述。这位朗赛的才子提到的是卡拉布里亚普通塔蓝图拉蜘蛛，是他在西班牙发现的。他说：② "狼蛛塔蓝图拉毒蛛喜欢待在开阔、干燥、未开垦的、能晒到太阳的地带。它们——至少是完全成年后——多住在自己挖掘的地下通道或洞穴里。这些洞穴多为圆柱形，直径1英寸，离地面约1英尺，并不是垂直的。这些弯弯曲曲的'肠子'说明了一个问题：这位地下居民不仅是一个有手段的猎人，还是一位聪明的工程师。对它来说，洞穴不仅是它躲避仇敌的藏身之所，还是它捕食猎物的瞭望口。塔蓝图拉毒蛛能未雨绸缪，为一切突发事件做好准备。事实上，地下通道的起始处是垂直的，在大约离地面4~5英寸的地方，就斜下去，形成一个钝角，然后又垂直往下走。塔蓝图拉毒蛛就守在拐角处，眼睛一眨不眨地盯着洞口，像一个机警的哨兵。在搜寻它们时，我总能感到，就在那个拐角处，有一双像钻石一样闪烁、像鼠目一样贼亮的眼睛在暗中盯着我。③ 洞穴的通气孔都是它亲手建造的，像一座真正的建筑物，地面高度约1英寸，有时直径达2英寸，比洞穴还宽敞。这尺寸就像丈量过一样，能让毒蛛在捕食猎物时充分挥舞拳脚。通气孔主要由干木屑和黏土搅拌成的混合物建成，毒蛛一点一点地把混合物垒成一个直筒，中间是空的。这座

❶总领下文

　　概括了下文即将要讲到的内容，起到总领下文的作用。

❷引用

　　通过引用，交代了塔蓝图拉毒蛛的生活环境、住所，表现它们的聪明。

❸场景描写

　　塔蓝图拉毒蛛是一位高明的建筑师。

户外建筑十分坚固，蜘蛛在其内部加了'衬里'——用丝密密地织出来的。洞穴里也有这样一层。我们完全可以想象这层'衬里'起到了多么大的作用：既可以防滑防摔，又可以使洞穴保持干净，让蜘蛛安稳地守在哨所里。也许，这些哨所外形并不都是一样的。事实上，在蜘蛛的洞口经常找不到这种哨所，也许是某些天气原因使哨所遭到了彻底破坏，以致找不到任何痕迹；或许是因为蜘蛛一时找不到恰当的建筑材料，更可能是因为只有少数体力与智力相当成熟的蜘蛛才能拥有这样高超的建筑天分。"

　　可以肯定的是，我确实见过很多这种哨所——蜘蛛洞穴的户外工程。蛛形纲动物的哨所有着好几种用途：①洪水暴发时，它为蜘蛛提供避难之所；狂风劲吹时，它为蜘蛛遮挡户外的落物；它还是蜘蛛觅食的陷阱，是飞蝇小虫的葬身之处。蜘蛛如此精明而英勇，谁又能识破这位猎手无穷的诡计呢？现在，我们来谈谈更让我感兴趣的事——塔蓝图拉毒蛛的捕猎。

　　蜘蛛的最佳捕猎期是每年的五六月间。当我第一次观察蜘蛛洞时，就发现它躲在洞穴第一层——即前文所说的"拐角处"。一开始，我想用蛮力来对付它，就用一把1英尺长2英寸宽的小刀，不停地掏那些洞，一连干了好几个小时，却没有抓到蜘蛛。我又开始更大面积地寻找，想抓住一只塔蓝图拉毒蛛，冲动之下甚至想拿把斧头，把这些洞穴劈开。最终一无所获的我终于放弃了武力，改用头脑。人们都说：需要是创造之母。我居然有了一个绝妙的主意：②我找来一根植物的主茎，在

注释
识破：看穿（别人的内心秘密或阴谋诡计）。

❶说明
　　交代了蛛形纲动物的哨所的作用。

❷行为描写
　　交代"我"是如何将蜘蛛诱惑出来的，表现出"我"的机智。

顶部绑一个麦穗，用作诱饵，在蜘蛛洞口轻轻地晃动。很快，我就发现蜘蛛被穗饵吸引过来了，它开始谨慎地踱着步向麦穗走过来。我将这个家伙引出洞，确信它已无法逃回洞中后，迅速抽开麦穗；蜘蛛见势不妙，转过身嗖地朝洞口冲去。我当然不会让它逃跑得逞，抢在它之前把洞口封住了。塔蓝图拉毒蛛一时莽撞行事昏了头，就连躲避我的捕捉时也显得异常笨拙。最后，我把它赶入一个纸袋，迅速封上袋口。

❶细节描写
表现了蜘蛛的聪明谨慎。

① 有时候，蜘蛛会起疑心，怀疑是陷阱，或者当时并不很饿，就会按兵不动，与洞口保持一小段距离。可能它认为此时并不是跨越门槛的最佳时刻。它的耐性显然超过了我的决心。在这种情况下，我只得改换战术：首先，确定蜘蛛的确切位置；然后，探明洞里通道的方向。② 一切准备就绪后，我用一把小刀沿通道斜插进去，堵住蜘蛛的后路，再用东西在洞口捕装蜘蛛就大功告成了。这套战术屡试不爽，特别在松软的土壤中更是百试百中。在这种恶劣环境的逼迫下，塔蓝图拉毒蛛要么受惊舍洞而去，要么顽固地以其背部来抗拒刀锋。如果蜘蛛采取第二种态度，继续顽抗，我会用刀把泥土连同顽抗的蜘蛛一同挑出来，然后轻松地将它捕获。

❷叙述说明
说明不管蜘蛛选择哪一条路走，"我"都能将其抓获。

用这种方法，有时一小时能捕到15只塔蓝图拉毒蛛。而有的时候，塔蓝图拉毒蛛识不破我的陷阱，那就更不用花那许多工夫去想办法堵后路了。我只需把诱饵伸到洞穴深处，蜘蛛就会跟着麦穗一同舞动；我向外抽回麦穗，这个趴在麦穗上的蠢家伙就会被一同带出来。据说，阿普得亚的农夫也常用这一招来捕获塔蓝图拉毒蛛：他们会在蛛穴处用一根燕麦穗模仿昆虫的声音。

❸外观描写
塔蓝图拉毒蛛外表上的凶猛可怕，也是人们对它害怕的原因。

③ 塔蓝图拉毒蛛给人的第一印象是可怕，特别是当

脑海中浮现出它那凶猛的撕咬和狰狞的面貌时，更是让人不寒而栗。然而，在实验室里我却经常发现塔蓝图拉毒蛛特别易于驯服。1812 年 5 月 7 日，在西班牙瓦伦西亚我逮到一只普通蜘蛛大小的塔蓝图拉雄蛛。当时我并没有伤害它，而是把它囚禁在一个玻璃罐中，用一张纸封起来。当然，我在纸上开了一扇活门。在玻璃罐底部，我放了一个纸袋，作为它的居所。为了观察塔蓝图拉毒蛛的一举一动，我把玻璃罐放在卧室桌子上。它很快便习惯了囚徒生活，① 最终也习惯了到我手上吃现成的小飞虫。用上颚的毒牙杀死猎物后，它像大多数蜘蛛一样并不满足，还会吮吸死虫的头。它用触须把飞虫肉片塞进嘴里嚼碎，把渣子吐出来，并把住处清除干净。几乎每次进餐后，它都要整理一下仪容，譬如用前腿上的跗节把触须和上颚里里外外清洗干净。做完这一切之后，它又重归安静。傍晚和深夜是它外出散步的好时候。我经常听到它不耐烦地抓挠纸袋的声音。

蜘蛛所表现的这种习性证实了我的一个观点。我曾在另外一本书中指出：无论是晚上还是白天，大多数蜘蛛都看得见东西。② 6 月 28 日，我的塔蓝图拉毒蛛开始蜕皮了。这是它最后一次蜕皮，模样没有改变：表皮的颜色依旧，身材也没什么变化。7 月 14 日，我不得不离开瓦伦西亚外出一趟，7 月 23 日回来。在这段时间内，塔蓝图拉毒蛛没有进食。然而令我惊异的是，当我回来时它看上去仍很健康。8 月 20 日，我又因有事外出了 9 天，虽然我的囚徒对挨饥受饿很厌烦，但是中断进食对它的健康却没有什么影响。10 月 1 日，我再次因为外出而中断了喂食，以为像前两次一样，回来后会见到蜘蛛仍安然无恙。10 月 21 日，由于我们打算在离瓦伦西亚

❶行为描写·········
"到我手上"这句话充分表明了塔蓝图拉毒蛛并不可怕。

❷细节描写·········
塔蓝图拉毒蛛有着惊人的抗饿能力。并且从前两次的安静等待可以看出塔蓝图拉毒蛛很容易被圈养驯服。

50英里的某地待上一段时间，我就打发一个人去取塔蓝图拉毒蛛。但是很遗憾，派去的人回来告诉我，塔蓝图拉毒蛛不见了。从此以后，我再没有它的消息，它就像从地球上消失了一样。最后，我只能用一段文字来结束我对塔蓝图拉毒蛛的观察。这是描述塔蓝图拉毒蛛之间惊人的打斗场面的文字。

有一天，我逮到了很多只蜘蛛。为了看一场殊死搏斗的好戏，我挑选出两只已完全发育成熟的强壮雄蛛，把它们放进同一只大玻璃罐中。① 开始，两只蜘蛛沿着角斗场走了好几圈，试图避开对手。但是，经过最初的试探之后，它们就好像听到了发令枪声一样，显出腾腾杀气。② 它们并没有马上猛扑上去撕咬，而是仍然保持一段距离，最后竟然都一屁股坐在后腿上。这是为了保护自己的胸膛免遭对方攻击。它们相互对峙了大概两分钟。毫无疑问，在这期间彼此焕发了斗志。两分钟刚过，几乎同时，两只蜘蛛一跃而起，向对方猛扑过去。它们各自舞着长腿缠住对方，顽强地用上颚的毒牙撕咬。不知是疲劳过度还是依照惯例，角斗暂停了。双方从各自角斗的位置上撤退下来，但是，都保持威慑状态。这种情况让我想起了猫之间奇怪的争斗，因为猫在争斗过程中也存在休战状态。当两只塔蓝图拉毒蛛又重新投入角斗时，厮杀更加惨烈。③ 最终，角斗失败的一方会被胜利一方从场心抛出。它必须承受失败的厄运，它的头颅被撕开，成为征服者口中的美食。在这场令人惊叹的大决斗之后，我留下那只得胜的塔蓝图拉毒蛛达数周之久。

在我的实验室里并没有普通的塔蓝图拉毒蛛，这种蜘蛛的习性已在狼蛛的特点中介绍，但是，我有一种非

❶行为描写

表现出两只蜘蛛谨慎、小心的样子。

❷动作描写

详细地写出了蜘蛛之间的搏斗过程，表现出战斗的激烈，生动具体，体现出了"我"细致的观察力。

❸叙述

交代失败一方的下场，十分悲惨，表现出塔蓝图拉蜘蛛残忍的一面。

常奇怪的蜘蛛，个头与黑肚皮塔蓝图拉毒蛛或纳博纳狼蛛差不多，跟其他种类的蜘蛛相比，个头却要小一半。它的下身就像穿了一条黑色的天鹅绒裤子，腹部还有褐色的波浪饰边，腿上则缠绕着灰色和白色的圈纹。它的家十分招人喜爱。<u>①通常它把家安在干燥的、铺满百里香叶的卵石小径上。</u>在我的实验室里分布着大约 20 个蜘蛛洞。每当我匆匆路过任何一个蜘蛛洞时，都要停下来看一眼这些发光的小洞。这些蜘蛛的 4 只大眼睛，或者说是它的 4 个望远镜，像钻石一样，发着光。另外 4 只小一点儿的眼睛，则藏在深洞里无法看到。

如果时间充裕，我还会走出家门，到离家几百码远的邻近的山上走一走。<u>②这里过去是一片茂密的森林，现在却有一点凄凉，只剩下蟋蟀在啃嫩草，穗即鸟则在光秃秃的石头之间飞来飞去。</u>人类对物质利益的盲目追求糟蹋了这片土地。因为葡萄酒价格不菲，当地的农民就把这片森林砍掉种上了葡萄。然而，根瘤蚜虫一来，葡萄藤就枯萎了。一山的绿荫变成了荒凉的不毛之地，只有鹅卵石间钻出的生命力极强的几缕青草还在抽条返青，显出一点儿生命的绿色。这块废弃的土地成了狼蛛的乐园，如果需要，一小时之内我就可以在一块指定的小地方找到上百个蛛洞。这些洞深约 1 英尺，开始一段是垂直的，然后像人的手肘一样拐了个弯，通向人看不见的深处。洞的直径大约是 1 英寸。洞口通常会有一个榛子大的圆栏。这是蜘蛛用稻草以及各种零碎材料，甚至小鹅卵石做成的。圆栏建成后，蜘蛛就用丝把它包起来。蜘蛛通常会把附近的干草叶拖到一块儿，吐出丝，把它们束在一起。虽然利用的是草茎，但草叶却也无须去除。有时，它并不用草茎来做圆栏主架，而是用一些

❶行为描写

对家的位置的选择表现了这种蜘蛛的可爱。

❷环境描写

环境的描写，揭示出了人类只顾利益不顾生态的行为。

📖读书笔记

❶叙述

说明蜘蛛做洞很随意，所用方法很方便。

❷举例说明

在面对不同情况时，塔蓝图拉毒蛛造出的洞穴有所不同。

❸动作描写

表现出塔蓝图拉毒蛛的小心、谨慎。

小石头来搭建。① 总之，蜘蛛能就近采集什么材料就用什么材料，并没有选择的余地。这种节省时间的做法，会导致圆栏的防御墙因建造材料的变化而呈现多样性，高度也会各不相同。有时，一堵防御墙就像是一个 1 英寸高的炮楼，有时只相当于一个圆物件突出的边缘。相同的是，它们都是用蛛丝牢固地绞合起来，宽度与地道的宽度是一样的，因此是比较宽敞的。当我们从洞口，也就是塔蓝图拉毒蛛为了活动腿脚而在塔楼上特设的平台向里张望时，我们看不到蜘蛛庄园的里外直径有什么差别。事实上，两者也是不同的。黑肚皮的塔蓝图拉毒蛛在建造洞穴时所遇到的困难也不尽相同。② 如果地表层是松土或其他相同的土质时，蛛洞的形状就可以任意选择而不受拘束。一般来说，它愿意采用圆柱试管状。但是，当地表层卵石含量较多时，它就不得不按照石头的分布状况来修洞穴。这样建造出来的洞穴通常表面不平整，形状更是拐弯抹角。但是，由于可以直接把坚硬的石头当作内墙，蜘蛛也落了个轻松自在，省掉了许多挖掘时间。不管洞穴形状是规则的还是不规则的，蜘蛛都会在四壁布上一定厚度的丝。这样做有两个目的：一是防止泥屑掉落，二是可以迅速爬到洞外。

邦利用他那并不熟练的拉丁文告诉我们怎样去捕捉塔蓝图拉毒蛛。我是这种方法的忠实采用者。我在塔蓝图拉毒蛛的洞口轻轻挥舞麦穗，模仿一只蜜蜂"嗡嗡"的叫声，吸引它的注意。蜘蛛以为猎物就在洞口，就会猛冲出来。但是，我从来没有成功过。③ 受此声音的诱惑，蜘蛛的确会从地表深处的房间里爬出来，但是，它并不轻易扑出洞口，而是张望探视。这个诡计多端的家伙很快识破了我的伎俩，又惊恐地逃回地底下的老窝。

它的老窝通常在横道中，非常隐蔽，从外面根本看不到。

李奥·杜弗在一本书中介绍的另一种方法似乎更为可行，前提是要控制好自己的动作，沿着洞中通道的方向迅速将一把小刀插进洞，截断已经被麦穗吸引却不肯出洞的蜘蛛的退路。如果土质帮忙，你的手法又小心熟练的话，成功的希望是很大的。^①不幸的是，并非一切尽在你的掌握之中！有时候，你把小刀插进去，碰到的却是坚硬的石头，因此，必须另寻良策。

^②对付塔蓝图拉毒蛛，以下是经过验证最为有效的方法，我把它们介绍给未来的捕猎手：把一根头部绑有麦穗的植物主茎伸进蛛洞，不断地旋转、移动。塔蓝图拉毒蛛被这个突如其来的东西骚扰一番后，出于自我防御的考虑，很可能会咬住麦穗。当你手指感觉到有点儿重量以后，就说明猎物已经上钩了，塔蓝图拉毒蛛已经用毒牙咬住了主茎顶部。这时轻轻地、缓慢地、小心地把主茎向外拖，蜘蛛会跟着主茎从洞中一起被拖出来。当蜘蛛开始进入垂直通道时，我会尽量找一个地方躲起来，不让它看到。^③只要看到我，这个狡猾的家伙就会松开嘴巴，溜回老窝。慢慢地，蜘蛛被诱拖至洞口。^④此时是最关键的时刻。如果继续轻轻向外拖的话，蜘蛛会感觉到它已经被拖出家门了，不安全感会使它转身入洞，而我就会竹篮打水一场空。用这种办法把这个生性多疑的家伙拉出洞来是不可能的。因此，当蜘蛛到达地面时，我会把主茎猛地向外拖。蜘蛛被这动作惊呆了，来不及松开牙齿，就被提出了洞口。这时，要捉住它就是轻而易举的事了。一旦身处户外，蜘蛛就胆小如鼠，根本没有逃跑的能力。你可以把它装进一只纸袋并封上袋口。把咬住麦穗的塔蓝图拉毒蛛拉出洞外需要一

❶议论、概括
第二种方法可行，有时却难以成功。

❷方法介绍
介绍了对付塔蓝图拉毒蛛最有效的方法。

❸叙述
表现出塔蓝图拉毒蛛的狡猾和小心，也说明了想抓到它并不容易。

❹解释说明
说明蜘蛛非常多疑和小心，也说明想要抓捕它得费一番心思。

❶方法介绍········
这里介绍了抓塔蓝图拉毒蛛的第四种方法。

❷行为描写········
嘴边的美食对蜘蛛有着绝对的诱惑。

❸叙述说明········
交代雌蜘蛛是如何对待敌人的，并解释了这样做的好处。

点儿耐心。而以下方法却来得更快：① 我费尽心思捉到一些笨拙的蜜蜂，把其中一只放进一只小瓶，瓶口足以盖住蛛洞入口；然后，我把瓶子倒过来盖在洞口，作为诱饵。蜜蜂开始时在玻璃瓶中鼓动双翼，发出"嗡嗡"的声音，以示抗争。当它发现蛛洞与它的家相似时，它就会义无反顾地一头钻进洞里。然而，此举是非常不明智的，因为当它飞下去时，蜘蛛也正从洞里匆匆向外赶，它们通常会在垂直地段狭路相逢。过一会儿，你就会听到从地下传来的声音，是那只笨蜜蜂抗拒蜘蛛的撕咬发出的"嗡嗡"声。然后，伴之而来的便是长长的沉默。这时，我就移开瓶子，将一把长镊子伸进洞去。镊子夹出来的首先是一只死蜜蜂。显然，刚才发生了一场令人恐怖的悲剧。蜜蜂的尸体被夹出来以后，紧随而来的便是蜘蛛，这个贪得无厌的家伙，实在舍不得这么一顿丰盛的饭菜。这个猎手就这样被带到洞口。有时，多疑的蜘蛛还是会丢下猎物重返洞里。② 但是，我们只要把蜜蜂的尸体置于离洞口数英寸的地方，静待几分钟，蜘蛛又会离开堡垒，再次捉住猎物。就在此时，它的洞门却已经被猎手的手指或一块卵石挡住了。

我用这种方法并不是为了捕捉塔蓝图拉毒蛛，我对用瓶子养蜘蛛毫无兴趣，我感兴趣的是另一件事。当时，我想邀请的是一个只管自己的雌猎手，它通常不为后代准备足够的食物。它捕到的猎物，往往都填进了自己的肚子。它不是一个"克制"的蜘蛛，不会采用理智的用餐方法将猎物保留好几个星期，每次只吃一小部分。它是一个杀手，在搏斗现场就吞食了猎物。③ 对于它来说，不存在什么慢条斯理的活体解剖，也就是说它根本不会给猎物反应的机会，而是尽可能快地争取一招致命。这样，攻击者在攻击时受对方伤害的可能性就降至最低了。此外，它的捕猎游戏动作大，有时也凶险无比。这个戴安娜平时埋伏在塔楼里，静候值得它一试身手的猎物出现。那些个子大爪子有力的草蚱蜢、性情暴躁的大黄蜂、笨拙的蜜蜂以及其他一些佩带毒剑的家伙，不时地跌落于它的伏击圈之中。此时，参与决斗的双方在武器装备上可谓旗鼓相当。狼蛛用有毒的尖牙撕咬，黄蜂则还之以有毒的"利剑"猛刺。决战双方到底谁能笑到最后呢？这场争斗的胜利实在是难以预测。

塔蓝图拉毒蛛没有保护自己的第二招：① 既没有用来缠住对手的丝绳，也没有什么诡计可用。我们知道，当昆虫被捕猎网缠住时，园蛛会迅速吐出漫天的蛛丝把猎物层层罩住，使猎物根本来不及抵抗。待猎物被包裹严实后，园蛛用毒牙在猎物身上扎几个洞，然后撤下来，蹲到一边休息，直至猎物不再挣扎，彻底平静下来后，再大摇大摆地返回搏斗现场。这时，就没有什么危险了。然而对于狼蛛来说，它的天职似乎就是冒险。除了那一往无前的勇气和锋利无比的毒牙外，它没有任何其他的东西可以利用。在如此不利的情况下去对付那些凶猛异常的猎物，它只有充分发挥自己过人的技巧，才能将猎物玩弄于股掌之间；只有充分运用它极其迅速的杀招，才能一举摧毁它的敌人。摧毁到什么程度呢？看看我从蜘蛛洞中拉出的蜜蜂尸体，你就应该有一个直观的认识了。一旦"地表深处的哀鸣曲"——也就是蜜蜂那刺耳的嗡嗡声——停止时，② 我就迅速插入一只镊子，拉出来的昆虫尸体惨不忍睹：吸管低垂，腿脚残缺。当我把蜜蜂的尸体拉出洞口时，它的腿不会有一丝微颤，这场悲剧已经结束了。蜜蜂的死是瞬间发生的事。

读书笔记

❶对比

通过对比表明塔蓝图拉毒蛛没有保护自己的绝招儿。

❷行为描写

描述蜜蜂死时的惨状，也说明它死得很彻底，一点气息也没有了。

❶衬托

双方力量的比较，突出"我"对塔蓝图拉毒蛛获胜的不解。

❷议论

表达"我"的看法，也说明塔蓝图拉毒蛛应该不是用毒液获得胜利的。

❸叙议结合

离开洞穴换了环境，塔蓝图拉毒蛛并不贸然攻击对手。

每一次当我从蜘蛛那令人恐怖的屠宰场拉出昆虫尸体时，都会一次又一次地惊讶，这些昆虫丧命竟如此之快。① 因为，两种动物在力量上几乎相同，我是从体形最大的熊蜂中挑选蜘蛛的对手。它们的武器也是不相上下的，熊蜂的"镖枪"和蜘蛛的毒牙有得一比。我认为前者的一蜇甚至比后者的撕咬更为厉害。塔蓝图拉毒蛛究竟有什么绝招，每回都占先机？此外，它又凭什么在如此短暂的激战中，全身而退，毫发未损？它每次都大胜而归，一定用了什么狡诈的招数。② 虽然它可能乘人不备用毒，但是，说什么我也不会相信，仅凭在对手身上胡乱注射一点儿毒液就能造成如此骇人听闻的惨状。即使最毒的蛇，在捕杀猎物时也要斗上几小时才能有这样的效果，而塔蓝图拉毒蛛却连一秒钟都不用，真正称得上杀人不眨眼了。因此，我们应尽力寻找一个合适的说法来解释这种迅速死亡，而不应仅仅着眼于蛛毒的致命性。关键之处在哪儿呢？在熊蜂身上是不可能找到答案的，它们进了蜘蛛洞，而谋杀又是发生在我们看不见的地方。即使用放大镜，我们也不能在蜜蜂尸体上发现任何伤口。由此可见，蜘蛛所用武器之精锐。也许让两个对手面对面攻击更能发现问题。我就经常把塔蓝图拉毒蛛和熊蜂放在同一个瓶子里。没想到，它们竟然互相逃窜。看样子，它们都不想成为对方的俘虏。③ 我曾经让它们在一起待了 24 小时。然而令人失望的是，任何一方都没有主动侵犯的意思。表面上看来，它们彼此漠不关心，其实是在拖延时间考察对手的实力，而不会贸然进攻。每次实验总是无功而返。换用蜜蜂或黄蜂与塔蓝图拉毒蛛做实验时，我曾取得过成功。但是激战发生在晚上，因此我还是一无所获。只在第二天早上，发现蜜蜂与黄蜂均被消灭了，最后只能凭塞在蜘蛛上颚的肉冻，才能证明它们曾经存在过。羸弱的猎物成为蜘蛛静夜的点心。而面对一只颇具威胁的猎物，蜘蛛并不主动攻击。① 对被俘的恐惧冷却了猎手的激情。大瓶子这样大的角斗场、两位运动员相互间的敬畏，使得它们彼此保持一定的距离。让我们把角斗场的面积减小，制止它们的"圈地"行为。我们改用一只直径仅供一位角斗士容身的试管。把熊蜂和塔蓝图拉毒蛛放入试管。但结果仍不如愿，它们只发生了一场小小的争吵。② 如果熊蜂在试管下面，它会以背着地，用腿来抵挡蜘蛛的进攻，没有抽出毒刺。而蜘蛛呢，也用长腿来控制局面，它尽量把身体撑起来，远离光滑的玻璃管，并尽可能远离对手。

然后，它就会停下来静候鏖战的到来。很快，那只粗鲁的熊蜂发动进攻了。刚开始时，应该说是熊蜂占据优势，塔蓝图拉毒蛛只是靠着长腿自卫，左推右挡，使敌人远离自己。总之，两个对手除了激烈地扭打在一起，并没有其他值得注意的地方。③ 狭小试管中的搏斗一点儿也不比阔大瓶子中的战斗激烈。一旦离开家，蜘蛛就变得胆小如鼠，它几近倔强地拒绝战斗。虽然熊蜂举止轻佻，总是先行挑衅。但事实上，熊蜂也不愿意和蜘蛛进行殊死搏斗。最终，我不得不放弃实验。

我们必须强迫塔蓝图拉毒蛛参加决斗，逼迫它拿出在自己堡垒时战斗的猛劲来。当然，我们也不能再用熊蜂了，这个家伙总是一头撞入蜘蛛洞中，使我们观察不便。我们必须找一个合适的替补选手，一个不那么喜欢钻洞的选手。木蜂就是合适的对象。在我家的蜜蜂中，它体形最大，也最强壮。

❶解释说明⋯⋯⋯
对对方的恐惧让它们不敢贸然进攻。

❷场面描写⋯⋯⋯
从中可以看出熊蜂和蜘蛛都不愿发生战争，这是为什么呢？

❸概括总结⋯⋯⋯
这段话概括说明了实验得不到结果的原因。

❶叙述说明

介绍木蜂的样子，说明它的毒性很厉害。

❷叙述说明

介绍"我"选择的猎手的特点，这样才能让战斗更激烈。

❸行为描写

蜘蛛不轻易冒险离开家门！

❹叙述

蜘蛛特别谨慎，不肯轻易地离开蜘蛛洞。

①这种蜜蜂身着黑天鹅绒，扑扇着一对紫纱般轻盈的美丽翅膀，出没于花园，停泊在鼠尾花之上。而它的个头超出熊蜂足足1英寸。它的毒针毒性很强，被它蜇过，皮肤马上就会肿胀，并伴有长时间的持续性剧痛。在此项研究中，我留下了许多珍贵的记忆。后来发生的事也证明，它的确是塔蓝图拉毒蛛的强劲对手。我成功地让塔蓝图拉毒蛛掂出了木蜂的分量。我把一定数量的木蜂一只只放到玻璃瓶中。

瓶子虽小，但是瓶颈却够大，足以覆盖蜘蛛洞穴的入口。我挑出来的猎物很凶猛，足以对雌猎手造成威胁。而我选出的猎手更是百里挑一。②我选择那些最强壮、最勇敢和最饥饿的毒蛛作为猎手。我把绑有麦穗的植物主茎伸进蜘蛛洞。如果它行动迅速，如果它体形高大，如果它有足够的勇气爬到洞口，它就具备了成为一名优秀猎手的资格。如果它做不到以上几点，它就没有资格参加游戏。在选定了角斗的选手后，我把一只装有木蜂的瓶子倒过来盖在已选定的蜘蛛的洞口处。蜜蜂在玻璃瓶中"嗡嗡"直叫，如临大敌，③而雌猎手则从洞穴神秘的深处往上爬，赶到入口停下来等待观望。我也在等待。15分钟过去了，30分钟也逝去了，仍没有发生任何事情。蜘蛛转身往回走，可能它认为在这种情况下出击太危险。④然后，我试第二个、第三个直至第四个蜘蛛洞，情况仍然没有改变。塔蓝图拉毒蛛拒绝离开它的安乐窝。

然而，因为我坚持不懈，幸运终于向我微笑了。而这之前我差点儿就要放弃了，特别是暑天酷热难耐，我几乎丧失了继续试验的勇气。有一只勇敢的蜘蛛突然冲出洞来，毫无疑问，它一定是因为长期不能出门捕食而激起了战斗的雄心。眨眼间，悲剧在玻璃瓶里发生了：不可一世的健壮的木蜂战败身亡。雌杀手究竟在何处给了死者以致命一击呢？现在可以清楚地回答这个问题了：塔蓝图拉毒蛛在行凶以后并没有马上逃走，它的毒牙仍深深地插在木蜂颈背上。①这个杀手果然具有我所推测的本领，总是能击中要害，将毒牙刺进猎物的神经中枢。总之，猎物身上只留下一个伤口，一个快速致命的伤口。

❶设问
此处交代了塔蓝图拉毒蛛迅速取胜的原因。

看到这种杀戮技巧，我很高兴，连被日光曝晒出的水泡也似乎好了一些。但偶然事件并不等于惯常事件，俗话说"一燕不成夏"，轻率地以偏概全必成大错。我所见的究竟是偶然的，还是真正有组织有预谋的谋杀行为呢？我又试验了其他的狼蛛。但耐心地试了许多只以后，我发现：没有一只愿意从洞里冲出来去攻击那些木蜂。它们的胆子太小，不敢接受可怕的挑战。那么，什么才能让狼蛛跑出树林，让塔蓝图拉毒蛛冲出洞穴呢？只有饥饿。显然，如果这些蜘蛛像前一只一样，饥肠辘辘，一定会向蜜蜂猛扑过去，谋杀场面也将在我眼前重演。而猎物的后颈上会再次留下伤口，于瞬间丧命。在我提供的相同条件下，这些杀手都会犯罪。②从早晨8点到午夜，又有两次谋杀发生，证实了我的结论。我认为，我所看到的已经足够证明我的推论。这个身手敏捷的昆虫杀手，已经暴露了它的杀虫秘诀，它向我展示了南美大草原的屠夫所拥有的精妙的捕杀技巧。不过，我还需做室外实验，而不仅仅是几个室内实验。因此，我收集了一些毒蜘蛛，并把它们放到瓶子中养起来，用来观察蜘蛛毒牙咬猎物不同部位的伤害效果以及毒液的毒性。

❷叙述
"我"又观察了几次，这几次情况使"我"的结论更加有说服力，表现出"我"的严谨。

❶侧面描写⋯⋯⋯

这句话表明"我"选择的狼蛛都是极其凶猛、强壮的。

❷细节描写⋯⋯⋯

不同部位伤害的效果各不相同，但都逃脱不了死亡的命运。

❸概括总结⋯⋯⋯

蜘蛛的行动必须快、准，否则，就会让自己丧命。

我用前文的方法捉了几只蜘蛛，分别放进事先准备好的 12 只瓶子和试管。① 我的实验室里满是这些狰狞古怪的狼蛛，哪位突然看到，恐怕会连声尖叫。虽然塔蓝图拉毒蛛蔑视对手，或者担心进攻的后果，但是，对于送到嘴边的肥肉，它也不会有丝毫犹豫，马上使出毒牙咬一口。因此，当我用夹子夹住昆虫，把昆虫的胸部送到蜘蛛嘴边时，如果它还没有对试验厌倦，就会立刻亮出毒牙刺向猎物。我首先是用木蜂做试验品，观察被蜘蛛咬后的结果。② 当蜜蜂的脖子被蜘蛛的毒牙刺过后，马上就命丧黄泉。这是我在蜘蛛洞口亲眼见到的。而当蜜蜂的腹部被蜘蛛毒牙刺伤后，我立即把它放入一只大玻璃瓶中，并松开镊子让它自由活动。这一次，一开始蜜蜂还像没受重伤一样，行动和平时没什么两样。它依然鼓动着双翅"嗡嗡"地叫。然而 30 分钟不到，死神就把它带走了，只剩下一具躯壳静静地仰卧或侧卧在瓶底。或者 30 分钟后它的腿还在颤动，腹部还在轻微地抽动，虽然生命尚未终结，但这垂死的蜜蜂顶多只能坚持到第二天。试验得出相同的结论，我不得不相信：强壮的蜜蜂被蜘蛛的毒牙刺中脖子时，会当场丧命；蜘蛛就不必害怕蜜蜂的危险反抗。而蜜蜂的其他地方，如腹部被刺中时，至少还能支撑半小时，也就能利用"镖枪"——上颚或腿来进行报复，也能让狼蛛吃点苦头。这种现象我也曾看见过。有时蜘蛛在用毒牙刺蜜蜂时离蜜蜂的毒刺太近，反而被蜜蜂的毒刺所伤，24 小时后就会毒发身亡。③ 因此，在对付这种危险的猎物时，蜘蛛须用毒牙刺中猎物脖子上的神经中枢，让它快速死亡。否则，蜘蛛的生命就会受到威胁。

炸蜢目昆虫是我实验中的第二种牺牲品。我使用了和人的手指一般长短的绿蚱蜢和大头蝗虫。① 这些昆虫被蜘蛛咬了脖子后，出现同样的结果：它们迅速丧命。而其他部位，特别是腹部被咬，它们都能咬牙撑过一段时间后才死亡。我曾亲眼看到，一只蚱蜢被蜘蛛咬中腹部后，顽强与死神抗争了 15 个小时才平静地告别生命。开始，它也试图爬出瓶去。然而，钟形试验瓶的直壁成了囚禁的狱墙。最终，它从光滑的瓶壁上掉下来毙命。蜜蜂这样细小的生物被咬后，不到半小时就会停止抗争，而蚱蜢这种粗壮的反刍动物，却能坚持一整天。如果不考虑不同生物器官的敏感度，我们可以得出如下结论：② 如果一只昆虫的脖颈被塔蓝图拉毒蛛咬中，昆虫会当场丧命，即使它体形巨大；假使咬中的是身体的其他部位，最终昆虫仍会死亡，但是要过一段时间才死，而时间长短则随昆虫的不同而不一样。这就解释了为什么爬出洞的塔蓝图拉毒蛛在面对那些肥硕诱人但却危险异常的猎物时，会在洞口犹豫一长段时间。这段时间对于实验者来说实在令人烦恼无比，又无计可施。它们拒绝攻击的主要对象是木蜂。事实上，仅凭勇猛是不能捕捉到木蜂的。如果蜘蛛没有抓住机会给予致命一击，而是胡乱在木蜂身上咬一口的话，它的生命就会受到垂死挣扎的木蜂的威胁。只有后脖颈才是最脆弱的部位，只有咬中后脖颈后才会使对手立即死亡，而咬中其他部位均不会产生这样的效果。如果不立即置木蜂于死地，那就意味着它将受到激怒，变得更危险。显然，蜘蛛深谙此中道理。因此，它会看准一个最恰当的时机，以洞穴入口作掩护而迅速撤退。③ 幸运的话，它会轻而易举地咬中大蜜蜂的脖颈，可以从容地目睹那庞然大物在它面前轰然倒地，再迅速扑上前去吃食。如果情况不

❶叙述

实验与上面的结果相同，昆虫被咬脖子后立马死亡，通过这个现象得出下文的结论。

❷概括总结

得出结论，这也解释了塔蓝图拉毒蛛看到猎物时在洞口犹豫的原因。

❸解释说明

这段话交代了塔蓝图拉毒蛛在洞外不轻易攻击猎物的原因。

妙，出于对暴戾猎物的惧怕，它就会躲进洞去。这就是为什么我要变换两个观察点，并在每个观察点花上 4 个小时观察 3 次塔蓝图拉毒蛛捕杀猎物的原因。

以前，受到昏迷黄蜂的启发，为了麻醉昆虫，我曾试图给一些小昆虫注射氨水，如象鼻虫、吉丁虫、金龟子，它们严密的神经系统使我的生理学试验非常成功。我像一名小学生准备聆听老师的讲课一样，谨慎认真地为吉丁虫、象鼻虫注射麻醉剂。为什么今天我不能模仿这位专业杀手——塔蓝图拉毒蛛呢？于是，我用一个细针筒，把氨水注入木蜂或蚱蜢的头盖骨底部。很快，这些昆虫便挺不住了，除了自然地抽搐几下之外再没有其他动作。在受到如此刺鼻的液体攻击后，它们的颈部神经节停止了工作。然而，它们并不会立即死亡；剧痛会折磨它们一段时间。这个实验结果并不完全令人满意。^①为什么注射氨水的昆虫不会立即死亡呢？这是因为，我所用的氨水致命性根本不能与蜘蛛毒液的毒性相比。至于狼蛛的毒液有什么令人害怕的毒性，看看下面的文章你们就会有所了解了。我故意让塔蓝图拉毒蛛在一只正欲离开鸟巢学习飞翔的小麻雀腿上咬了一口。被蜘蛛咬过的伤口马上流出了一滴血。刚开始时，伤口是一圈微红色，然后变为紫色。

^②这只鸟儿的伤腿立即就瘫痪了，不能运动，只能靠身体其他部分来拖动，而脚趾则肿胀成平时的两倍。小鸟只能用另一只脚单腿跳跃。除了这些，小伤员似乎并没有其他不适，胃口也很好。我女儿还喂它吃小飞

❶设问

交代了被注射氨水的昆虫不能像被蜘蛛攻击后那样马上死亡的原因。

❷侧面描写

这段话充分体现了塔蓝图拉毒蜘蛛的毒性。

注释
谨慎：对外界事物或自己的言行密切注意，以免发生不利或不幸的事情。

虫、面包屑和杏仁肉。它状态良好，重新恢复了力量，连那条为科学而牺牲的腿仿佛也将恢复健康——当然，这仅是我们的一厢情愿。

12个小时后，治愈的希望越来越大，伤员也愉快地进食。如果我们喂食动作慢了，它甚至会像婴儿般哭闹。但是，它的腿仍然不能行动。于是，我暂时麻醉它的伤腿。两天以后，它开始拒绝进食。小麻雀用皱巴巴的羽毛把自己包裹起来，缩成一团，没有任何动静，只是不断地抽搐，它在拒绝死神的到来。女儿把它捧在手心里，用呼出的热气来温暖它。

①然而，抽搐变得越来越频繁，最后一阵喘息后，一条生命消失了。那天，我们全家人进晚餐时，气氛非常沉默冷淡。从家人紧闭的双唇中，我听到了责备，因为我的实验都是在他们眼皮底下完成的。我也听到了他们对我的残忍的无声控诉。显然，那只不幸的小麻雀的死令我的家人十分悲痛。我的良心也并非没有一丝不安：为了这么一点儿成功，我付出的代价显然太大了。尤其是，我并不是那种对一切都无动于衷的人，无缘无故就把活生生的狗开膛剖肚。然而为了科学，我却鼓足勇气，又用鼹鼠来重新开始实验。②那只鼹鼠是在莴苣地里被我捕获的，很能吃，要让它待上一些日子，你就要备下足够的口粮，不然它会有饿死的危险。在实验过程中，我必须每过一段时间便为它提供一顿适量的饭菜。不然，纵使它不会因伤而死，也会被活生生地饿死。因此，实验之前我不得不想办法让小囚徒在实验过程中维持生命。③我将鼹鼠装进一个大容器，不让它轻易脱逃，还备有多种昆虫供它享用，甲壳虫、蚱蜢、特别是蝉，这些昆虫都是它的美食。

❶叙述

小麻雀因此而失去了生命，说明蜘蛛的毒性还是很强的。

❷说明

交代了鼹鼠的食量很大。

❸叙述

交代"我"是如何照顾鼹鼠的，食物准备得很丰富。

183

在观察鼹鼠24小时之后，它良好的状态使我确信鼹鼠对我定的菜单非常满意，正在享受它的囚禁生活。然而，天下没有免费的午餐，我终究还是让塔蓝图拉毒蛛在它鼻尖上咬了一口。被咬之后，鼹鼠总是用爪子抓搔鼻子。

❶叙述、总结

不管是昆虫还是其他动物，都无法抵挡塔蓝图拉蜘蛛的一咬。遭咬必死。

它感觉那地方像被火烧过一样，又痛又痒。从那以后，每餐按定量摆到它面前的蝉它吃得越来越少。① 到了第二天晚上，它甚至开始拒绝吃任何东西。受伤后大约36小时，鼹鼠便死了。显然它不是饿死的，因为容器内至少还有三只活蝉和一些甲壳虫。因此，我们可以说，对昆虫或其他动物来说，黑肚皮塔蓝图拉毒蛛的致命一咬都是危险无比的。

它对麻雀是致命的，对鼹鼠来说无疑也是致命的。根据前述实验，我们能得出什么观点呢？我还不知道，因为我的实验仅止于此，没有再进一步。② 但是，从我所观察到的这些情况便足以判断，被蜘蛛咬中不是一件小事，我们切不可等闲视之。这就是我要告诫医生的话。

❷概括总结

经过实验得出结论：蜘蛛的确是可怕的。

对于那些讲究理论的昆虫学家，我还有一些别的话要说：我不得不请求你们把注意力集中在这些昆虫杀手们的高超技术上，这家伙的技艺足以与"麻醉师"的技艺相媲美。③ 在这里我用的是"昆虫杀手们"，这是因为塔蓝图拉毒蛛得与其他种类的蜘蛛，特别是那些捕猎从不用蛛网的蜘蛛共享这一"美誉"。这些昆虫杀手以捕杀猎物为生，它们通常给猎物脖颈上的神经中枢以致命一击，使猎物迅速死亡；而"麻醉师"为了保证幼虫食物的新鲜度，只是刺中猎物脖子的神经中枢，使之不能动弹，处于麻醉状态。虽然两者均是攻击猎物的神经中枢，但是捕获目的的不同，使它们选择不同的攻击部

❸叙述说明

告诉读者不用蛛网捕猎的蜘蛛都带有很大的毒性。

位。① 昆虫杀手要置猎物于死地，消除对自身的危险，攻击的是猎物的脖子；"麻醉师"只想麻醉猎物，它根据猎物的特殊生理结构，不攻击脖子而选择脖子以下的部位，有时只攻击一处，有时攻击三处，甚至是猎物全身，这要根据猎物的生理结构来定。"麻醉师"们，至少它们中的一部分，对脖子神经中枢的重要性是十分清楚的。我们曾见过咀嚼毛虫头的沙蜂，也见过使劲撕咬螽斯脑袋的绿泥蜂，它们只是为了使猎物不能行动。所以，这只能算是攻击脑袋，甚至是某个不致造成过大损害的部位。它们小心翼翼，不让自己的毒针刺伤这些猎物的重要部位。它们从未想过要用毒针来杀死猎物，因为它们的幼虫不喜欢吃死尸。只有蜘蛛喜欢用自己的匕首四处乱刺，而且专挑那些要害部位，以此激起剧烈反抗。它们要迅速消耗对手的体力，得到粮食，它们将毒牙扎进别的动物小心避开的部位。② 如果以上这些巧妙而科学的杀招不是蜘蛛的本能，而是后天养成的习惯，那我实在想不出这是如何养成的。自然法则虽已存在，但事实不容否认。无论如何，理论的迷雾是遮盖不住事实的。

❶对比
这段话交代了昆虫杀手和"麻醉师"的不同之处，它比"麻醉师"更狠。

❷叙述
表现出生物的神秘，有些现象至今还无法找出原因。

精华赏析

作者先通过引用、叙述来表现人们对蜘蛛的恐惧，然后引出本文的主人公——塔蓝图拉毒蛛。然后通过一系列的实验来让人了解塔蓝图拉毒蛛是如何捕猎的，最后对它的毒性进行试验，让人了解到它的毒性的厉害。

延伸思考

1."我"可以通过哪几种方法抓到塔蓝图拉毒蛛？
2.塔蓝图拉毒蛛捕捉猎物时先攻击猎物的哪个地方？

相关链接

本章主要介绍了塔蓝图拉毒蛛，尤其重点强调了塔蓝图拉毒蛛的毒性。作者开门见山地提出了人们对蜘蛛的厌恶，主要是由于蜘蛛的毒性，随后作者围绕着蜘蛛的毒性展开了一系列的试验。他详细地讲解了自己捕捉塔蓝图拉毒蛛的各种方法，表现出作者严谨认真的科学态度。作者用木蜂、蜜蜂和其他的昆虫来进行试验，发现塔蓝图拉毒蛛捕猎时动作迅速而且准确性强，通常情况下都是一击毙命，它们很清楚中枢神经的重要性。随后作者又用小麻雀和鼹鼠的试验来证实了塔蓝图拉毒蛛的毒性强烈，表现出了这些昆虫杀手可怕、高超的技术。

寻家高手——蜜蜂

名师导读

老马识途，那么昆虫呢？它们会识途吗？自然界有哪些昆虫是不会迷失的精灵呢？

① 我一直希望能够了解更多关于蜜蜂的故事。我曾听说蜜蜂有很强的辨识方向的能力，无论它被丢在哪儿，它总是可以自己飞回到它的住处。于是，我亲自做了个实验想试一试。

一天下午，我在屋檐下的蜂窝里捉了 20 只蜜蜂，在它们的背上做了白色的记号。然后把它们放进纸袋里，带着它们走了 2.5 里路，然后放了它们，看看它们能不能飞回去。

记得我放走蜜蜂的时候，空中吹起了微风。蜜蜂们飞得很低，贴着地面，我担心地想它们这样怎么可以望到遥远的家呢？

可是，还没等我跨进家门，小女儿就冲我激动地叫道："有两只蜜蜂飞回来了！"直到天黑时，我们还没见到其他蜜蜂回来。可是，第二天早上当我检查蜂巢时，又看见了 15 只背上有白色记号的蜜蜂回到巢里了。

❶ 开门见山
第一段话交代了事情的起因和背景。

读书笔记

❶叙述
说明蜜蜂能够成功地回到家，它们寻家的本领高强。

❷介绍说明
介绍红蚂蚁是怎样的一种蚂蚁，它们很霸道、自私。

❸概括总结
红蚂蚁同样不会迷失，不过它们靠的是记忆。

① 这样，20只中有17只蜜蜂没有迷失方向，它们准确无误地回到了家。尽管空中吹着逆向的风，尽管它们被关在袋子里带到一个全然陌生的环境中，它们还是凭借着一种强烈的本能回来了。

蜜蜂可真称得上是不会迷失的精灵，它们高超的寻家本领正是我们人类所缺乏的。

我还想看看别的昆虫是不是也有着和蜜蜂一样的本领。于是，我选择了红蚂蚁作为观察的对象，因为蚂蚁和蜜蜂是非常相似的两种昆虫。② 红蚂蚁是一种自己不会养儿育女，也不会寻找食物的蚂蚁，它们靠抢夺黑蚂蚁的子女，把它们训练成奴隶，替它们干活。有一天，我看见一队红蚂蚁出了巢，我便在它们走过的路上撒上小石子做记号。

这群红蚂蚁发现了黑蚂蚁的巢穴，它们冲了进去。经过一番厮杀后，黑蚂蚁被打败了，红蚂蚁抱着黑蚂蚁的婴儿凯旋。我发现它们几乎是完全照着原路返回。我用叶子把几只红蚂蚁截到别处，它们便迷路了。③ 原来，它们并不像蜜蜂那样，靠辨认家的方向找到家，而是凭着对路过的景物的记忆找到回家的路。它们的这种记忆力非常惊人，即使路途十分遥远，要走几天几夜，它们也能凭着记忆找回家去。

精华赏析

本章介绍了两种不会迷路的昆虫，一种是有着高超的寻家本领的蜜蜂，一种是凭记忆找回家的红蚂蚁。实验完整，让人一目了然。

延伸思考

1. 蜜蜂是如何找到家的?
2. 红蚂蚁是如何找到家的?

相关链接

本章主要介绍了昆虫寻找自己的家的本领。开头处开门见山,直截了当地提出了本章的主要目标,总领全文,交代了事情的起因,为后文做铺垫。随后为了证实蜜蜂认家的传说,亲自将做了记号的蜜蜂带出家门,到遥远的地方放生。结果作者本人还没有回家,蜜蜂就先他一步回来了,这个实验结果证明了开头所提出的猜想。但作者并不仅仅满足于此,他展开了另一次实验,试图证明别的昆虫也能具有如此强大的认家本领,于是他用红蚂蚁再次做了实验。实验证明红蚂蚁与蜜蜂不同,它们并不能辨认家的方向,而是依靠对于路线的记忆来寻找回家的路。

黑步甲

名师导读

　　昆虫是如何装死的呢？而凶残的黑步甲是怎样装死的？它为何装死？是为了欺骗敌人吗？

　　关于昆虫装死这个问题，我们第一个要观察了解的，是胆大凶残的黑步甲。

　　我为了探究它是怎样装死的，曾三次把它从不高的地方掉落到桌子上。① 只见它仰面朝天，一动不动，俨然已经死去。它折拢爪子，让爪子挨靠腹部；它展开触角交叉成十字；它张开它那钳子似的肢爪。它这静止不动的姿势保持了 50 来分钟。它的跗骨、触须、触角全都纹丝不动。这就是它处于完全彻底的毫无生气活力的状态时的假死。

❶形态描写
　　这段话介绍了黑步甲装死时的样子。

　　这只表面上死去的虫子不久又复活了，它的跗骨微微颤抖，前爪跗骨先抖起来，触须和触角缓缓地摆来摆去。这是完全苏醒的征兆。现在，它的爪子不断地挥摆，这只昆虫狭窄的腰部略微弯成肘形。它使劲把身体支撑在头和背上，它转过身子来。② 啊！它现在碎步小跑起来要逃走啦！

❷行为描写
　　表现出作者激动的心情。

又一次实验开始，这只精神抖擞的复活了的虫子第二次仰天躺下，静止不动。它把死亡的姿势延长得比以前更久。接着，我又做了第三次、第四次实验，结果是它静止不动的时间越来越长。①下面，让我们从第一次到第四次举出个具体数字，持续时间分别为：17分钟、20分钟、25分钟、32分钟和50分钟。死亡姿势的持续时间从一刻钟到差不多整整一个小时。

这些现象告诉我们，一般说来，黑步甲总是把它那毫无生气的姿势延长得一次比一次久。这是个适应问题吗？这是企图最终把过于顽强的敌人弄得疲惫不堪，以至于认为它是真的死了，而不再侵犯它这具死尸，从而逃脱一次危及生命的大灾难吗？

但也有一种可能，黑步甲被我们烦扰得气急败坏乱了方寸，从而舍弃装死的策略，倒地仰卧后，翻过身来就逃之夭夭。

黑步甲这只狡诈的昆虫，这个好愚弄哄骗人的家伙，企图欺骗它的攻击者，以此作为自卫的手段。随着敌人对它一再的攻击，它就显得更加顽强，一而再再而三地对敌人进行欺骗。②当它认为过于狡诈、耍花招全都白费气力时，便舍弃装死的绝招，而逃之夭夭。

现在，我们准备用一种机智的调查方法，来欺骗这个骗子。

接受实验的黑步甲躺在桌子上，它感觉身体下面有个坚硬的物体，因此无法向下挖掘。因为无法挖掘避难所，于是，它做出死亡的姿势，躺在那儿一声不吭。默不作声达一小时之久。

③我一直期待着它会有什么新的招数。然而，到现在我才恍然大悟，无论我把这只黑步甲放在木头上、玻

①**细节描写**
越来越长的装死时间是为了欺骗敌人而顺利逃跑，还是另有目的呢？

②**叙述说明**
表现出黑步甲的聪明和狡猾。

③**行为描写**
对于任何招数都毫无反应表明了什么呢？

读书笔记

璃上、沙土上或腐殖土上，它全都不改变它的策略——装死。

它对自己身体下面的物体的性质从不关心，毫不在乎。这一特点向我们的疑虑稍稍开了一扇门。接着发生的事则把这扇门大大打开。这只接受实验的黑步甲躺在我的桌子上。它那炯炯发光的眼睛望着我、盯着我、观察我。面对这个庞然大物——人，这只昆虫会有什么样的视觉印象呢？

❶设置悬念

看到迫害者为何不逃跑，装死真的是它的手段吗？

① 我不得不承认，这只昆虫不仅在注视我，而且还认出了我，认出我这个庞然大物就是它的迫害者，因为只要我在那儿，它就一动不动。我走到十步开外大厅的另一端，隐藏起来，学它那样一动不动。这只虫子该站起来了吧？可是没有。我的种种预测措施全都枉费心机。

这只昆虫当我这个庞然大物离开后，仍旧一动不动。也许它灵敏的嗅觉告诉它，我还在那儿。

行，让我们继续把实验往下做。我用一个钟形罩将它盖住，离开大厅，走到园子里去。这只昆虫的周围再也不会有什么令它惊惶不安的骚动了。在这万籁俱寂之中会发生什么呢？

❷概括总结

说明黑步甲这样做并不是为了欺骗其他昆虫，这又是为什么呢？引出下文。

② 40分钟后，我再去看这只虫子，我发现它仍像先前那样朝天躺着，一动不动。对不同对象经多次实验表明，这只昆虫做出死亡姿势，并不是身处险境的昆虫的欺骗行为。显然，我的实验应到别处去查找原因。

这个戴盔披甲，这个好战的海盗，这个屠杀皮麦里虫、屠杀金龟子的刽子手，这个天不怕地不怕的凶残的家伙，为什么一有风吹草动就装起死来了呢？对此，我愈来愈表示怀疑，促使了我对它进一步的研究。

❸对比

通过对比表现出两者的不同，有的黑步甲从不仰卧装死，这是怎么回事呢？

③ 后来，我们接触到叫光滑黑步甲的昆虫，与前面

提到的大头黑步甲相较，虽说它们形态相同，穿的煤黑色服装相同，披挂的盔甲相同，天生的抢劫习性相同，但是，光滑黑步甲却显得体弱、身窄，而且从不仰卧装死。

这么一比，更是使人费解，这里面又有什么名堂呢？

①让我们来试验一下危险对大头黑步甲产生的影响吧。但是，把什么敌人放在一动不动的黑步甲面前呢？我可不知道什么是它真正的敌人。

结果，苍蝇给了我指点。严夏酷暑的时候，令人讨厌心烦的苍蝇最喜欢对双翅目昆虫寻衅侵犯，用它的吻管探测这些昆虫。

苍蝇刚用爪子碰触黑步甲，黑步甲的跗骨就颤抖起来，仿佛受到电流的震动。

②如果这只苍蝇只是路过此地，事态就不会进一步发展。但是如果苍蝇不肯离去，特别是坚持留在黑步甲那张被唾液和吐出的食物的汁液弄湿的嘴巴附近不肯离去，受到威胁的黑步甲马上就抖动两腿，转过身来，逃之夭夭。

于是，我们去找另一个力气和身材都令人生畏的天牛。这是黑步甲在海滩上从未见过的庞然大物。天牛在我拿的麦秸的引导下，把爪子搁在躺着的黑步甲身上。

黑步甲的爪子马上颤抖起来。如果天牛同它的接触延长、加位或转变为进犯，假死的黑步甲起身便逃。后来，我用硬物碰撞仰卧着黑步甲的桌子的脚。虽然震动极其微弱，但是，每撞一下，黑步甲的趾肢节就弯曲一下，微抖片刻。

③最后，让我们来谈谈光的影响。到目前为止，实

❶叙述说明
用苍蝇来验证危险对黑步甲的影响。

❷举例验证
胆大凶残的黑步甲害怕小小的苍蝇，而害怕的结果是逃跑！

❸叙述
接下来作者将实验光对黑步甲的影响，考虑得很全面，不漏掉每个可能影响黑步甲的因素。

验对象只是在半明半暗的房间，在直接的日照之外接受实验。

如果我把它移到光线强烈的地方，那会怎么样呢？① 结果，在太阳的直接照射下，仰躺着的黑步甲立刻翻过身来，拔腿就跑。

❶行为描写········
说明光会影响黑步甲的装死行为。

我们似乎可以得出这样的结论：黑步甲在危急的时刻，摇晃身体，站立起来，拔腿就跑，压根儿不是什么狡诈伎俩，它那仰躺着一动不动的姿态，不是装出来的，而是真实的暂时麻木的昏沉状态。

精华赏析

设置悬念，使实验更加完善，最后得出出人意料的结果，让人大开眼界。这种边设置悬念边解答的手法引人入胜，使文章更有趣味性。

延伸思考

1. 黑步甲为什么会装死？
2. 哪种黑步甲从不仰卧装死？

相关链接

本章主要讲解了黑步甲的"装死"的习性特点，通过多番实验进行论证，读之幽默风趣却又严谨认真，让读者在趣味中学到了知识。

樵叶蜂的几何学

名师导读

在丁香花或玫瑰花的叶子上，有一些形状规则的小洞，这是谁的杰作呢？它为什么要这么做呢？

当你在花丛中漫步时，如果细心观察，你会惊奇地发现丁香花或玫瑰花的叶子上，有一些形状规则的小洞，有的呈圆形，有的呈椭圆形，就像是被谁用巧妙的手法剪过了一般。有些叶子上的小洞实在太多了，叶子就只剩下叶脉了。① 这究竟是谁干的呢？它们这么做是为什么呢？是因为好吃，还是因为好玩？小朋友们，这些问题你有没有想过？实际上，所有这些都是樵叶蜂干的，它们在叶子上转动身体，用剪刀一样的嘴巴剪下了小叶片。

它们这样做，可不是为了好玩，也不是拿来吃的。要知道，这些剪下来的小叶片对这些樵叶蜂来说实在是太重要了。② 它们把这些小叶片拼凑成一个个针箍形的小袋用来储藏蜂蜜和卵。

我们常见的樵叶蜂是白色的，身上带着条纹。它们通常寄居在蚯蚓的地道里。如果你在泥滩边仔细寻找，

❶设问

运用设问，引出本节的主人公——樵叶蜂。

❷解释说明

这句话交代了樵叶蜂剪下这些叶子的原因。

195

就能发现这些地道。

地道的深处又阴暗又潮湿，因此，樵叶蜂只会用靠近地面的那段作为自己的住处。而且，樵叶蜂一生中会遇到许多天敌，仅仅用地道去抵御敌人的袭击是不够的。于是，那些剪下来的碎叶便派上大用场了。樵叶蜂会用一些零零碎碎的树叶将地道底部塞住。

❶叙述

交代樵叶蜂需要的叶片是怎样的，它们对叶片要求确实很高。

然后，樵叶蜂会在这些碎叶片上建一叠小巢。[①]建巢所需用的叶子要求可高了，它们必须是大小差不多、形状还要整齐的碎叶。圆形叶片用来做巢盖，椭圆形叶片用来做底和边缘。令人惊奇的是，每个用来做巢盖的圆叶子大小都非常合适，天衣无缝地把小巢盖上。樵叶蜂没有任何可以用作模子的工具，也没有精确的仪器，它是靠什么来剪下这么多精巧的叶子的呢？樵叶蜂的巢设计得非常完美。[②]在几何学的实际运用中，樵叶蜂的确胜过了我们。它们的整个操作过程，我们都无法解释。看着它们的巢和盖子，我们真的自叹不如。

❷对比

通过对比，衬托出樵叶蜂的巢设计之完美。

精华赏析

先通过一系列的问题来引出本文的主人公——樵叶蜂。形式新颖，然后介绍了樵叶蜂剪下精巧叶子的原因，并用对比来表现它的巢的设计很完美。

延伸思考

1. 樵叶蜂剪下叶子是干什么用的？
2. 樵叶蜂建巢需要怎样的叶子？

相关链接

　　本章主要介绍了樵叶蜂剪下叶子的习性。开头先写丁香花或者玫瑰花的叶子上奇怪而又规整的小洞，连用三个问句来引起读者兴趣，然后又自问自答解释了这些洞的由来，并引出关于樵叶蜂的介绍。作者详细地解释了樵叶蜂剪下这些叶子的原因和用途，表现出樵叶蜂的智慧和对自然资源的充分利用。后文中交代了樵叶蜂对需要的叶片要求非常高，并且所使用的叶片能够天衣无缝地与小巢相符合，表现出樵叶蜂的设计之完美，制作之精巧，令人对大自然的神奇叹为观止。

横行的蟹蛛

名师导读

横着走路的螃蟹大家都见过,但横着走路的蜘蛛是怎样的呢?一起来看看吧!

❶引出主题
通过横着走路的螃蟹进入主题,引出主人公——蟹蛛。

① 假如我问你:"什么东西是横着走路的?"

"螃蟹!"你一定会不假思索地大声回答。

的确,螃蟹是我们最常见的横行动物了,所以我们也常称它们是"横行将军"。可是,还有一种动物,它也是横着走的,这个你大概不知道吧!

这就是蟹蛛。

蟹蛛,是蜘蛛的一种,由于走路的样子极像螃蟹,所以被人们形象地叫作"蟹蛛"。

❷外貌描写
将蟹蛛的外貌形象地描绘出来,表现出它的美丽。

② 蟹蛛是一种非常漂亮的小动物,它们的皮肤比任何绸缎都要好,有的是乳白色的,有的是柠檬色的。有的蟹蛛腿上有着粉红的环,背上镶着深红的花纹;有的胸部还有一条淡绿色的带子。这身打扮虽然不如条纹蛛那么富丽,却精致和谐,所以看起来比条纹蛛要高贵、典雅得多。

就这么个小可爱,可是一个凶狠十足的刽子手。

注释

精致:精巧细致;细密。

这种蜘蛛不会用网猎取食物，它的捕食方法是埋伏在花的后面，等猎物经过。然后，上去在它的颈部轻轻一刺。你别小看这一刺，它能就此要了猎物们的命。

蟹蛛尤其喜欢捕食蜜蜂。

①蜜蜂采花蜜时，专心致志，什么都不想，也不会开小差。它用自己的舌头舔着花蜜，一心一意地工作。

当蜜蜂正埋头苦干的时候，蟹蛛早对它垂涎三尺，趁它不注意，就将它变成了餐中之物。

可是，凶狠的蟹蛛却是一个非常优秀的妈妈。

昆虫界的这些小生灵是多么复杂呀！

❶行为描写
表现出了蜜蜂采蜜的专心，这为蟹蛛捕食提供了方便。

精华赏析

通过提问引出蟹蛛，然后详细地介绍了蟹蛛的样子，也揭露了它凶狠的一面，表现出昆虫界小生灵的复杂性。

延伸思考

1.蟹蛛长什么样？

2.蟹蛛是怎样捕食的？

相关链接

本章主要介绍了蟹蛛。开头处用问答的形式引出话题，用人人皆知的螃蟹引出鲜为人知的蟹蛛，表现出蟹蛛的特点与螃蟹相同，都会横行。作者仔细介绍了蟹蛛的外貌，表现出它可爱精致的外表，用可爱的外貌与可怕的本性相对比，更反衬出蟹蛛本性的凶残。

昆虫习性

冒险者——蜂螨

名师导读

　　小小的蜜蜂身上也有螨虫，那就是蜂螨，蜂螨是怎样的？它是如何生存的呢？它吃什么呢？

❶开门见山

　　开门见山直接进入主题，介绍蜂螨。

① 说到蜂螨，大家也许感到有些陌生，但是螨虫大家应该还是听说过吧？蜂螨就是寄生在蜜蜂身上的螨虫。

　　蜂螨，在它发育完整的时期内，也只不过有一两天的寿命而已。它的整个生命过程，都是在掘地蜂的家门口度过的。在这短暂的生命里，最重要的是繁殖子孙后代，其他什么也没有了。

　　虽然这样短命，蜂螨也具备了其他动物所有的消化器官。但它们究竟要不要吃食物？到底吃什么样的食物？这个谜让我们等会儿再解。

❷叙述说明

　　介绍蜂螨寄生在蜜蜂身上的原因。

② 我经过长期的观察才发现，蜂螨之所以寄生在蜜蜂身上，是想要蜜蜂亲自把它们带到蜂巢里去。它们这

样做自然有它们的道理，过一会儿你就会明白了。

蜂螨将卵产在蜂巢里面的门口，积成一堆。幼虫孵化出来后，也不会跑散开来，而是混乱地挤在原地。

①当蜜蜂经过蜂巢门口的时候，无论它是要出远门，还是刚从远方归来，睡在门口等待已久的蜂螨的幼虫便立马爬到蜜蜂身上去。它们爬进蜜蜂的绒毛里，抓得十分紧。无论这只蜜蜂要飞多远，它们一点儿也不担心自己会跌落到地上。

当你发现这种情形时，你一定会感叹它们是一种喜欢冒险的小家伙。的确，在蜜蜂飞行时，这些未来的寄生虫得死死地抓住主人的毛才行。

②看，蜜蜂在花叶中穿梭飞行，速度多快呀！还有，蜜蜂回家的时候，还会同地面摩擦。这些对小蜂螨来说都是很危险的。

不过，你也别小看了这些弱小的东西，它还真有两下子。看看它们身上那两根大钉子，它们合拢起来，便可以紧紧夹住蜜蜂身上的毛。比起最精密的人造钳子还要精密得多呢！蜂螨还有一件法宝，这就是它们身上的黏液了。这种黏液能帮助蜂螨更加牢固地伏在蜜蜂的身上。

③而且，在长途远行时，这些小家伙脚上的尖针和硬毛起作用了，它们都是用来插入蜜蜂的软毛里的，从而使蜂螨更加牢固地伏在蜜蜂的身上。

经过一段艰难的旅程之后，蜂螨终于到达了目的地——蜜蜂的巢。虽然是到了目的地，危险还是包围着这些小东西。

④蜂螨的最终目标就是待在蜜蜂的卵上。要知道蜜蜂的卵是被安放在蜂蜜之中的。蜂螨必须避免与蜂蜜接

❶细节描写
蜂螨寄生在蜜蜂身上，让蜜蜂把它带到蜂巢。

❷叙述
说明蜂螨爬到蜜蜂身上后会很危险。

❸解释说明
解释蜂螨是如何使自己不从蜜蜂身上掉下去的。

❹解释说明
要达到目的，蜂螨还得再冒一次险。

触。否则后果真是不堪设想，蜂螨会被蜂蜜闷死的。

不过，这个问题也不难解决，蜂螨有的是办法。

悄悄地，这个聪明的小虫趁着蜜蜂还在产卵的空当儿，从它身上一下子滑落到了一个卵上。这样一来，目的就达到了。蜂螨从此便和卵一起做伴，共同浮在蜜上了。

由于蜜蜂产下的卵太小了，仅能乘载一个蜂螨。因此，我们在一个蜂室里面，只能看到一个蜂螨。

起初，卵还是完好无损的。① 但是，不久以后，蜂螨幼虫的破坏工作便开始了。在这片无人看管的领域，蜂螨简直可以胡作非为。

蜂螨首先会破坏蜜蜂的卵。它这样做，可以为自己在蜜海中造一条船，同时又可以享受丰盛的一餐，蜜蜂的卵可是它们最可口的食物。

享受完这一顿美餐后，蜂螨的幼虫苗壮成长，成为一只甲虫，结束了它的幼虫生涯。

读书笔记

❶情节转折

设置悬念，推动故事发展，为下文做铺垫。

精华赏析

文章介绍了蜂螨是如何到达蜜蜂巢的，以及它待在蜜蜂巢的原因，最后还解释了蜂螨的幼虫是如何结束它的幼虫生涯的，既全面又形象。

延伸思考

1. 什么是蜂螨？

2. 蜂螨是如何使自己不从蜜蜂的身上掉下去的？

相关链接

　　本章主要介绍了蜂螨的生活习性。开头用人们对螨虫的认识引出对蜂螨的介绍，说蜂螨就是寄生在蜜蜂身上的螨虫，概括具体而又形象，充分显示出了蜂螨利用蜜蜂而生存的现状。蜂螨的寿命非常短暂，但是它们也具备完善的消化器官，也需要像普通的昆虫一样进食，但与普通昆虫不同的是，蜂螨并不会自己主动去寻找食物，而是利用蜜蜂来不劳而获，抢占蜜蜂的劳动成果。蜂螨在蜜蜂的家门口伺机而动，等到蜜蜂经过的时候就攀附到蜜蜂身上偷渡到蜂房内，但蜜蜂产卵之后蜂螨就躲在卵上漂浮在蜂蜜之上，它们破坏了蜜蜂的卵之后就可以享受蜜蜂劳动所积攒的这片蜜海，并且在此茁壮成长。蜂螨虽然不能像普通的昆虫一样觅食，但它们通过自己的智慧和冒险的勇气同样为自己挣得生存的空间，虽然这种不劳而获的做法不怎么光明正大，但却行之有效。

能干的建筑工

名师导读

　　南美潘帕斯草原的食粪虫们是能干的建筑工，它们建造的葫芦精美复杂，现在就让我们来了解它是如何建造这个葫芦的吧！

❶叙述
　　"我"认为能够四处考察是一件很美好的事情。

❷举例论证
　　旁征博引，表明思想上的收获并非一定要长途跋涉。

①跑遍全球，穿越五洲四海，从南极到北极，观察生命在各种气候条件下的无穷无尽的变化情况，对于善于考察研究的人来说这肯定是最美好的运气。鲁滨孙的漂流让我欢喜兴奋，我年轻的时候就怀着他那种美妙的幻想。然而，紧随着周游世界那美丽梦幻而来的却是郁闷和蛰居的现实。印度的热带丛林、巴西的原始森林、南美大兀鹰喜爱的安的列斯山脉的高峰峻岭，全都缩作一块作为探察场的荒石园了。

　　但上苍保佑，让我并不为此而抱怨不已。思想上的收获并非一定要长途跋涉。②让·雅克在他那金丝雀生活的海绿树丛中采集植物，贝尔纳丹·德·圣皮埃尔偶然地在其窗边长出来的一株草莓上发现了一个世界，萨维埃·德·梅斯特尔把一张扶手椅当作马车在自己的房间里做了一次最著名的旅行。

　　这种旅行方式是我力所能及的，只是没有马车，因为在荆棘丛中驾车太难了。我在荒石园周围上百次地一段一段地绕行，我在一家又一家人的门口驻足，耐心地询问，隔这么一长段时间，我就能获得零零星星的答案。

我对最小的昆虫小村镇都非常熟悉，^①我在这个小村镇里了解了螳螂栖息的各种细枝，我熟悉了苍白的意大利蟋蟀在宁静的夏夜轻轻鸣唱的所有荆棘丛，我认识了披着黄蜂这个棉花小袋编织工耙平的棉絮的所有小草，我踏遍了被切叶蜂这个树叶的剪裁工出没的所有丁香矮树丛。

如果说荒石园的角角落落的踏勘还不够的话，我就跑得远一些，能获得更多的战利品。我绕过旁边的藩篱，在大约 100 米的地方，我同埃及圣甲虫、天牛、粪金龟、蜣螂、螽斯、蟋蟀、绿蚱蜢等有了接触。总之，我与一大群昆虫部落进行了接触。要想了解它们的进化史，那得耗尽一个人整整的一生。当然，我同自己的近邻接触就足够了，非常够了，用不着长途跋涉跑到很远很远的地方去。

^②再说，跑遍世界，把注意力分散在那么多的研究对象上，这不是在观察研究。四处旅行的昆虫学家可以把自己所得之许许多多的标本钉在标本盒里，这是专业词汇分类学家和昆虫采集者的乐趣。但是，收集详尽的资料则是另一码事。他们是科学上流浪的犹太人，没有时间驻足停留。当他们为了研究这样那样的事实时，就可能要长时间地停在一地。然而，下一站又在催促着他们上路。我们就不要让他们在这种状况下去勉为其难了。就让他们在软木板上钉吧，就让他们用塔菲亚酒的短颈大口瓶去浸泡吧，就让他们把耐心观察、需时费力的活儿留给深居简出的人吧。

这就是为什么除了专业分类词汇学家列出的枯燥乏味的昆虫体貌特征，昆虫的历史极其贫乏的原因之所

❶排比
小小的村镇让"我"获得了丰富的知识。

❷议论
这段话表明跑遍世界采集标本不是昆虫学家应该做的事，科学需要静心观察研究。

✒读书笔记

在。异国的昆虫数量繁多，无以计数，它们的习性我们几乎始终一无所知。但是，我们可以把我们眼前所见到的情景与别处发生的情况加以比较，看一看同一种昆虫在不同的气候条件下，其基本本能是如何变化的，这会是非常有好处的。

❶心理描写

长时间的实验观察、研究，让"我"无法到世界各地进行察看。

① 这时候，无法远行的遗憾重又涌上心头，使我比以往任何时候都更加地感到无奈，除非我在《一千零一夜》的那张魔毯上找到一个座位，飞到我所想去的地方。啊！神奇的飞毯啊，你要比萨维埃·德·梅斯特尔的马车合适得多。但愿我能在你上面有一个角落可坐，怀揣着一张往返机票！

我果然找到了这个角落。这个意想不到的好运是基督教会学校的修士、布宜诺斯艾利斯市萨尔中学的朱迪利安教友带给我的。他虚怀若谷，受其恩泽者理应对他表示的感激会让他很不高兴的。我在此只想说，按照我的要求，他的双眼代替了我的眼睛。他寻找、发现、观察，然后把他的笔记以及发现的材料寄来给我。我用通信的方式同他一起寻找、发现、观察。

❷叙述

这位合作者让"我"有机会了解到世界各地的昆虫。

② 我成功了，多亏了这么卓绝的合作者，我在那张魔毯上找到了座位。我现在到了阿根廷共和国的潘帕斯大草原，渴望着把塞里昂的食粪虫的本领与其另一个半球的竞争者的本领作一番比较。

开端极好！萍水相逢竟然让我首先得到了法那斯米隆那漂亮的昆虫，全身黑中透蓝。

❸外貌描写

详细地描写了法那斯米隆的外貌，并指出雌性和雄性之间的区别。

③ 雄性法那斯米隆前胸有个凹下的半月形，肩部有锋利的翼端，额上竖着一个可与西班牙蜣螂媲美的扁角，角的末端呈三叉形。雌性则以普通的褶皱代替了这漂亮的装饰。雄性与雌性的头罩前部都有一个双头尖，肯定是一个挖掘工具，也是用于切割的解剖刀。

① 这种昆虫短粗、壮实、呈四角形，让人联想到蒙彼利埃周围非常罕见的一种昆虫——奥氏宽胸蜣螂。

如果说形状相似则本领也必然相似的话，那我们就该毫不迟疑地把如同奥氏宽胸蜣螂制作的那件又粗又短的香肠面包归之于法那斯米隆。唉！每当牵涉本能的问题时，昆虫的体形结构就会造成误导。这种脊背正方、爪子短小的食粪虫在制作葫芦时技艺超群。连圣甲虫都制作不了这么像模像样，尤其是个头儿又这么大的葫芦。

这种粗壮短小的昆虫制作的产品之精美让人拍案叫绝。这种葫芦制作得如此符合几何学标准，简直无可挑剔：② 葫芦颈并不细长，然而却把优雅与力量结合在一起。它似乎是以印第安人的某种葫芦作为模型制作的，特别是因为它的细颈半开，鼓凸部分刻有漂亮的格子纹饰，那是这种昆虫的跗骨的印迹。它好像是用藤柳条嵌护着的一只铁壶，大小可以达到甚至超过一只鸡蛋。

这真是一件极其奇特而稀有的珍品，尤其是这竟然是出自一个外形笨拙、粗短的"工人"之手。不，这再一次说明工具不能造就艺术家，人和虫都是这么个理儿。引导制作工匠完成杰作的有比工具更重要的东西：我说的是"斗脑"——昆虫的才智。

③ 法那斯米隆对困难嗤之以鼻。不仅如此，它还对我们的分类学不屑一顾。一说食粪虫，就解释为牛粪的狂热追慕者。④ 可法那斯米隆之重视牛粪既不是为自己食用也不是为了自己的孩子们享用。我们常常会看见它待在家禽、狗、猫的尸骨架下，因为它需要尸体的脓血。我所绘出的那只葫芦就是立在一只猫头鹰的尸体下面的。这种埋葬虫的胃口与圣甲虫的才能的结合谁愿意怎么看就怎么看吧。至于我，我不想去解释这种现象，因为昆虫的一些癖好让我困惑不解，它们的这些癖好似

❶形态描写
这段话表明法那斯米隆和奥氏宽胸蜣螂外形十分相似。

❷描述、联想
对葫芦形状的具体描写表现了法那斯米隆高超的技艺。

❸叙述
表现出法那斯米隆的与众不同、不怕困难。

❹叙述
直接介绍了法那斯米隆的奇特癖好。

乎谁也无法仅仅根据其外貌就能做出判断。

我知道在我家附近就有一种食粪虫，它也是尸体残余的唯一的享用者。①它就是粪金龟，是光顾死鼹鼠和死兔子的常客。但是，这种侏儒殡葬工并不因此就鄙视粪便，它像其他的金龟子一样照旧大吃不误。也许它有着双重饮食标准：奶油球形蛋糕是供给成虫的，而略微发臭的腐肉这浓重口味的食料则是喂给幼虫的。类似情况在别的昆虫的别的口味方面也同样存在。捕食性膜翅目昆虫汲取花冠底部的蜜，但它喂自己的孩子时却用的是野味的肉。同一个胃，先吃野味肉，后汲取糖汁。这种消化用的胃囊在发育过程中必须发生变化吗？不管怎么说，这种胃同我们人的胃一样，年轻时喜食的东西到了晚年就对此鄙夷厌恶了。

让我们更加深入地观察研究一下法那斯米隆的杰作。我弄到的那些葫芦全都干透了，硬得几乎跟石头一样，颜色也变成浅咖啡色了。我用放大镜仔细观察，里外都没有发现一丁点儿木质碎屑，这种木质碎屑是牧草的一个证明。②这么说，这怪异的食粪虫没有利用牛屎饼，也没有利用任何类似的粪料。它是用其他材料制作自己的产品。是什么材料呢？一开始挺难弄清楚。

我把葫芦放在耳边摇动，有轻微的响声，就像是一个干果壳里面有一个果仁在自由滚动时发出的声响一样。③葫芦里是不是有一只因干燥而抽缩了的幼虫呀？我起先一直是这么认为的。但我弄错了，那里面有比这更好的东西，可让我长见识了。

我小心翼翼地用刀尖挑破葫芦。在一个同质的均匀内壁——我的三个标本中最大的一个的内壁竟厚达两厘米——中间嵌着一个圆圆的核，满满当当地充填在内壁孔洞里，但却与内壁毫不粘贴。所以，可以自由地晃

❶叙述说明……

说明了粪金龟并不只吃一种食物。

❷设置悬念……

这些葫芦没有用任何粪料，那它是用什么做成的呢？

❸设置悬念……

葫芦里到底是什么呢？是什么让"我"觉得长见识了呢？

动。因此，我摇动时就听见了响声。

就颜色与外形而言，内核与外壳并无差异。① 但是，把内核砸碎，仔细检查碎屑，我就从中发现一些碎骨、绒毛絮、皮肤片、细肉块，它们全都淹没在类似巧克力的土质糊状物中。

② 我把这种糊状物在放大镜下面进行了筛选，去除了尸体的残碎物之后，放在红红的木炭上烤，它立即变成黑黑的了，表层覆盖着一层鼓胀的光亮物，并散发出一股呛人的烟，很容易闻出那是烧焦的动物骨肉的气味。这个核全部浸透了腐尸的脓血。

我对外壳进行同样处理后，它也同样变黑了，但黑的程度没有内核那么深。它几乎不怎么冒烟。它的外层也没有覆盖一层乌黑发亮的鼓胀物。它一点儿也没含有与内核所含有的那些腐尸的碎片相同的东西。内核与外壳经烧烤之后，其残余物都变成一种细细的红黏土。通过这粗略的观察分析，我们得知法那斯米隆是如何进行烹饪的。供给幼虫的食品是一种酥馅饼……③ 肉馅是用它头罩上的两把解剖刀和前爪的齿状大刀把尸体上能剔出来的所有东西全都剔出来做成的，有下脚毛、绒毛、捣碎的骨头、细条的肉和皮等。一开始，这种烤野味的作料拌稠的馅呈浸透腐尸肉汁的细黏土冻状，现在变得硬如砖头。最后，酥馅饼的糊状外表变成了黏土硬壳。

④ 这位糕点师傅对其糕点进行了包装，用圆花饰、流苏、甜瓜筋囊加以美化。法那斯米隆对这种厨艺美学并非外行。它把酥馅饼的外壳做成葫芦状，并饰以指纹状的饰纹。

这种无法食用的外壳在肉汁中浸泡的时间太短，可想而知，并不受法那斯米隆的青睐。等幼虫的胃变得皮实了，可以消受粗糙的食物时，它会刮点内壁上的东西

❶转折、说明
交代了内核的组成成分。

❷场景描写
内核都是由动物的尸体构成的，那么它有何作用呢？是食物还是武器？

❸介绍说明
详细介绍了肉馅是由什么组成的。

❹拟人
运用拟人，突出了法那斯米隆高超的技艺。

充饥，这一点儿倒是有可能的。但是，从整体来看，直到幼虫长大能出走之前，这个葫芦一直完好无损。它不仅开始时是保护馅饼新鲜的保护神，而且始终都是隐居其间的幼虫的保险箱。

❶介绍说明

介绍孵化室的位置，与粮食用材料隔开。

①在糊状物的上面，紧挨着葫芦的颈部，修整成一个黏土内壁的小圆屋，这是整个内壁的延伸部分。一块用同样材料的挺厚的地板把它与粮食隔开。这就是孵化室，卵就产在那儿。我在那儿发现了卵，可惜已经干了。幼虫在这个孵化室里孵化出来，事先得打开一扇隔在孵化室和粮食之间的活动门，才能爬到那个可食的粪球处。幼虫诞生在一个高出那块食物并与之并不相通的小保险匣里。新生幼虫必须及时地自己钻开那食品罐头盒盖。后来，当幼虫一律在那罐头食品上面时，我的确发现地板上钻了一个刚好能让它钻过去的孔。

❷自问自答

"我"并不清楚法那斯米隆是如何做到这一点的，说明生物界中有许多我们未知的事情。

这块美味的牛肉片，裹着厚厚的一层陶质覆盖层，致使这份食物根据缓慢孵化的需要，长时间地保持新鲜。②怎么达到这一目的呢？我仍搞不清楚。卵在其同样是黏土质的小屋里安全无虞地待着，完好无损；到这时为止，一切都尽善尽美。法那斯米隆深谙构筑防御工事的奥秘，深知食物过早发干的危险。现在剩下的是胚胎呼吸的需求问题了。

❸解释说明

这段话交代了这个葫芦的精细和作用，也充分反映了法那斯米隆的细心和技艺高超。

为了解决这个呼吸问题，法那斯米隆也是匠心独运、智慧超群的。③葫芦颈部沿着轴线打通了一条顶多只能插入一根细麦管的通道。这个闸口在内部开在孵化室顶部最高处，在外部则开在葫芦柄的末端，呈喇叭形半张开着。这就是通风管道，它极其狭窄而且又有灰尘阻而不塞，因此，便防止了外来的入侵者。我敢说这是简单但绝妙的杰作。我说的有错吗？如果说这样的一个建筑是偶然的结果的话，那么，必须承认盲目的偶然却具有一种非凡的远见卓识。

这种迟钝的昆虫是如何才建好这项极其繁难、极其复杂的工程的呢？① 我在以一个旁观者的目光观察这南美潘帕斯草原的昆虫时，只有上述这个工程结构在指引着我。从这个工程结构可以不出大错地推断出这个建筑工所使用的方法。因此，我就这样对它的工作情况进行了设想。

它先是遇上了一具小昆虫尸体，尸体的渗液使下面的黏土变软。于是，它根据软黏土的大小或多或少地收集起来。收集的多少并没有明确的规定。如果这种软黏土非常多，收集者就大加消费，粮仓也就更加地牢固。这样一来，制成的葫芦就特别大，大得超过鸡蛋的体积，还有一个两厘米厚的外壳。但是，这么一大堆的材料远远超出模型工的能力，所以加工得很不好，从外观上看上去，一眼就看出是一项十分艰苦笨拙的劳动所创造出来的成果。如果软黏土很稀少，它便严格节省着使用。这样，它的动作也就自然得多，弄出来的葫芦反而匀称齐整。

那黏土可能先是通过前爪的按压和头罩的劳作变成球形，然后挖出一个很宽很厚的盆形。② 蜣螂和圣甲虫就是如此做的，它们在圆粪球的顶部挖出一个小盆，在对蛋形或梨形最后打磨之前，把卵产在小盆里。

在这第一项劳作中，法那斯米隆只是一个陶瓷工。不管尸体渗液浸润黏土有多么不充分，只要是具有可塑性，任何黏土对它来说都是可以加工运作的。

③ 现在，它变成了肉类加工者了。它用它那带锯齿的大刀从腐尸上切、锯下一些细碎小块来，又撕又拽，把它认为最适合幼虫口味的部分弄下来。然后，它把

❶叙述
"我"将根据这个葫芦的结构来推测它是如何建造葫芦的，引出下文。

❷举例论证
通过蜣螂和圣甲虫来支持自己的设想。

❸解释说明
法那斯米隆制作葫芦的第二步——加工食品。

注释
笨拙：笨；不聪明；不灵巧。

● 读书笔记

这些碎片统统聚集起来，再把它们同脓血最多的黏土搅和在一块。这一切搅拌得非常均匀，就地制成了一只圆粪球，无须滚动，如同其他食粪虫制作自己的小粪球一样。补充说一句，这只粪球是按照幼虫的需要量制作的，它的体积几乎始终不变，无论最后那个葫芦有多大。

现在，酥馅饼做好了。它被放进大张开口的黏土盆里存好。它没挤没压，以后可以自由转动，不会与其外壳有一点儿粘连。这时候，陶瓷制作的活儿又开始了。

① 昆虫用力挤压黏土盆的厚厚的边缘，为肉食制好模套，最后使肉食的顶端被一层薄薄的内壁包裹住，而其他部分则由一层厚厚的内壁包住。

❶ 叙述

介绍了昆虫是如何为肉食做模套的。

顶端的内壁上，留有一个环形软垫；这儿的内壁的厚度与日后从顶端钻洞进粮仓的幼虫的弱小程度成正比。随后，这个环形软垫也进行压模，变成一个半圆形的窟窿，卵就产在其中。

通过挤压黏土盆的边缘，使之慢慢封口，变成孵化室，制作葫芦的工序就宣告结束。这道工序尤其需要高超的技艺。在做葫芦柄的同时，必须一边紧压粪料，一边沿着轴线留出通道作为通风口。

❷ 比喻

运用比喻交代了法那斯米隆制作通风口的方法，表现出它精湛的技艺。

我觉得建造这个通风闸口极其困难，因为计算稍微有点偏差，这个狭窄的口子就会立刻被堵住了。② 我们最优秀的陶瓷工中最最心灵手巧的工匠如果缺少一根针的帮助也是干不成这件活儿的，它把针先垫在里边，完工之后，就把这根针抽出来。这种昆虫是一种用关节连接着的机械木偶，在它自己都没有想到的情况之下，就挖出了一条穿过大葫芦柄的通道。如果它想到了，也许就挖不成了。

❸ 叙述说明

可以看出葫芦就像一件艺术品一样被制作出来了。

葫芦制作完后，就得对它粉饰加工了。③ 这是一件费时费工的粉饰活儿，要使曲线完美流畅，并在软黏土上留下印记，如同史前的陶瓷工用拇指尖印在其大肚双耳坛上的印记一样。

这件活计完工了。它将爬到另一具尸体下面重新开工，因为一个洞穴只有一个葫芦，多了不行，如同圣甲虫制作它的梨形小粪球一样。

读书笔记

精华赏析

本章运用比喻、拟人、对比等多种手法，表现出法那斯米隆高超的建筑能力，作者通过其丰富的想象力将法那斯米隆制作葫芦的过程清楚再现，十分精彩。

延伸思考

1. 粪金龟以什么为食？
2. 法那斯米隆的葫芦有什么用？

相关链接

本章主要介绍了法那斯米隆高超的建筑工艺。开头处作者提出关于远行和就近研究的矛盾，表明自己对身边的昆虫已经颇有研究，对远方的昆虫兴趣浓厚，却又无法亲身前往别处进行研究，为后文中得到潘帕斯大草原上的法那斯米隆做铺垫，也表现出作者对昆虫学的热爱和旺盛的求知欲。作者通过对法那斯米隆的葫芦仔细观察和剖析，推断出了法那斯米隆制作葫芦的详细过程，表现出他严谨的逻辑推理能力和丰富的想象力。作者在文中运用了大量的比喻、拟人等修辞手法，表现出法那斯米隆建筑技术的高超，表达了作者对它们的赞赏。

狡猾的寄生虫

名师导读

寄生虫表现弱小，内心却极其险恶，它们是用何种方法寄生于其他昆虫体内的呢？

❶叙述说明
详细介绍了黄蜂和蜜蜂生活的环境。

❷引出主题
通过蜜蜂和黄蜂引出本章主角——寄生虫。

① 在八九月里，我们应该到光秃秃的、被太阳灼得发烫的山峡边去看看，让我们找一个正对太阳的斜坡，那儿往往热得烫手，因为太阳已经把它快烤焦了。

恰恰是这种温度像火炉一般的地方，正是我们观察的目标。因为就是在这种地方，我们可以得到很大的收获。这一带热土，往往是黄蜂和蜜蜂的乐土。

它们往往在地下的土堆里忙着料理食物——这里堆上一堆象鼻虫、蝗虫或蜘蛛，那里一组组分列着蝇类和毛毛虫类，还有的正在把蜜贮藏在皮袋里、土罐里、棉袋里或是树叶编的瓮里。

② 在这些默默地埋头苦干的蜜蜂和黄蜂中间，还夹杂着一些别的虫，那些我们称为寄生虫。

它们匆匆忙忙地从这个家赶到那个家，耐心地躲在门口守候着。

你别以为它们是在拜访好友，它们这些鬼鬼祟祟的行为绝不是出于好意，它们是要找一个机会去牺牲别人，以便安置自己的家。

这有点类似于我们人类世界的争斗。①劳苦的人们，刚刚辛辛苦苦地为儿女积蓄了一笔财产，却碰到一些不劳而获的家伙来争夺这笔财产。

有时，还会发生谋杀、抢劫、绑票之类的恶性事件，充满了罪恶和贪婪。至于劳动者的家庭，劳动者们曾为它付出了多少心血，贮藏了多少他们自己舍不得吃的食物，最终也被那伙强盗活活吞灭了。

世界上几乎每天都有这样的事情发生，可以说，哪里有人类，哪里就有罪恶。

②昆虫世界也是这样，只要存在着懒惰和无能的虫类，就会有把别人的财产占为己有的罪恶。蜜蜂的幼虫们都被母亲安置在四周紧闭的小屋里，或待在丝织的茧子里，为的是可以静静地睡一个长觉，直到它们变为成虫。

可是，这些宏伟的蓝图往往不能实现，敌人自有办法攻进这四面不通的堡垒。每个敌人都有它特殊的战略——那些绝妙又狠毒的技巧，你根本连想都想不到。

③你看，一只奇异的虫，靠着一根针，把它自己的卵放到一条蛰伏着的幼虫旁边——这幼虫本是这里真正的主人；或是一条极小的虫，边爬边滑地溜进了人家的巢。于是，蛰伏着的主人永远长睡不醒了，因为这条小虫立刻要把它吃掉了。

那些手段毒辣的强盗，毫无愧意地把人家的巢和茧子作为自己的巢和茧子。到了来年，善良的女主人已经被谋杀，抢了巢杀了主人的恶棍倒出世了。

看看这一个，身上长着红白黑相间的条纹，形状像一只难看而多毛的蚂蚁，它一步一步地仔细考察着一个斜坡，巡查着每一个角落，还用它的触须在地面上试探着。

❶拟人
运用拟人的手法，交代了寄生虫的特点。

❷对比
说明昆虫世界与人类一样充满罪恶。

❸举例说明
举例介绍了这些虫类是如何溜入别的昆虫的巢里的。

你如果看到它，一定会以为它是一只粗大强壮的蚂蚁，只不过它的服装要比普通的蚂蚁漂亮。

这是一种没有翅膀的黄蜂，它是其他许多蜂类的幼虫的天敌。它虽然没有翅膀，可是它有一把短剑，或者说是一根利刺。① 只见它踯躅了一会儿，在某个地方停下来，开始挖和扒，最后居然挖出了一个地下巢穴，就跟经验丰富的盗墓贼似的。这巢在地面上并没有痕迹，但这家伙能看到我们人类所看不到的东西。它钻到洞里停留了一会儿，最后又重新在洞口出现。

① **动作描写**
生动地描述了黄蜂的动作，将它比作"盗墓贼"，表现出作者对它的厌恶。

这一去一来之间，它已经干下了无耻的勾当：它潜进了别人的茧子，把卵产在那睡得正酣的幼虫的旁边，等它的卵孵化成幼虫，就会把茧子的主人当作丰美的食物。

这里是另外一种虫，满身闪耀着金色的、绿色的、蓝色的和紫色的光芒。

它们是昆虫世界里的蜂雀，被称作金蜂。② 你看到它的模样，决不会相信它是盗贼或是搞谋杀的凶手。可它们的确是用别的蜂的幼虫作为食物的昆虫，是个罪大恶极的坏蛋。

② **叙述**
这就和人类一样，一些看起来仪表堂堂的人，其实却是一个大坏蛋。

这十恶不赦的金蜂并不懂得挖人家墙角的方法，所以只得等到母蜂回家的时候溜进去。你看，一只半绿半粉红的金蜂大摇大摆地走进一个捕蝇蜂的巢。那时，正值母亲带着一些新鲜的食物来看孩子们。

③ 于是，这个"侏儒"就堂而皇之地进了"巨人"的家。它一直大摇大摆地走到洞的底端，对捕蝇蜂锐利的刺和强有力的嘴巴似乎丝毫没有惧意。

③ **行为描写**
金蜂直截了当、堂而皇之地进入捕蝇蜂的巢，达到寄生的目的。

至于那母蜂，不知道是不了解金蜂的丑恶行径和名声，还是给吓呆了，竟任它自由进去。来年，如果我们挖开捕蝇蜂的巢看看，就可以看到几个赤褐色的针箍形的茧子，开口处有一个扁平的盖。

在这个丝织的摇篮里，躺着的是金蜂的幼虫。至于那个一手造就这坚固摇篮的捕蝇蜂的幼虫呢？它已完全消失了。只剩下了一些破碎的皮屑了。它是怎么消失的？当然是被金蜂的幼虫吃掉了！

① 看看这个外貌漂亮而内心奸恶的金蜂，它身上穿着金青色的外衣，腹部缠着"青铜"和"黄金"织成的袍子，尾部系着一条蓝色的丝带。

当一只泥匠蜂筑好了一座弯形的巢，把入口封闭，等里面的幼虫渐渐成长，把食物吃完后，吐着丝装饰着它的屋子的时候，金蜂就在巢外等候机会了。

一条细细的裂缝，或是水泥中的一个小孔，都足以让金蜂把它的卵塞进泥匠蜂的巢穴里去。

② 总之，到了 5 月底，泥匠蜂的巢里又有了一个针箍形的茧子，从这个茧子里出来的，又是一个口边沾满无辜者鲜血的金蜂。而泥匠蜂的幼虫，早被金蜂当作美食吃掉了。

正如我们所知道的那样，蝇类总是扮演强盗或小偷或歹徒的角色。虽然它们看上去很弱小，有时候甚至你用手指轻轻一撞，就可以把它们全部压死。

可它们的确祸害不小。有一种小蝇，身上长满了柔软的绒毛，娇软无比，只要你轻轻一摸就会把它压得粉身碎骨，它们脆弱得像一丝雪片。可是，当它们飞起来时有着惊人的速度。乍一看，只是一个迅速移动的小点儿。

③ 它在空中徘徊着，翅膀震动得飞快，使你看不出它在运动，倒觉得是静止的。好像是被一根看不见的线吊在空中。如果你稍微动一下，它就突然不见了。

你会以为它飞到别处去了，怎么找都没有。它到哪

❶外观描写

通过与内心的对比，交代了金蜂的外部特征。

❷叙述、说明

到了幼虫要出茧的时候，幼虫早已被寄生的金蜂吃掉了！

❸场景描写

描述这种小蝇飞行时的样子，说明它的速度很快。

儿去了呢？其实，它哪儿都没去，它就在你身边。

当你以为它真的不见了的时候，它早就回到原来的地方了。它飞行的速度是如此之快，使你根本看不清它运动的轨迹。那么，它又在空中干什么呢？它正在打坏主意，在等待机会把自己的卵放在别人预备好的食物上。

①我现在还不能断定它的幼虫所需要的是哪一种食物：蜜、猎物，还是其他昆虫的幼虫？

❶叙述

不管这种幼虫以什么为食，它们都是想要不劳而获。

有一种灰白色的小蝇，我对它比较了解，它蜷伏在日光下的沙地上，等待着抢劫的机会。当各种蜂类猎食回来，有的衔着一只马蝇，有的衔着一只蜜蜂，有的衔着一只甲虫，还有的衔着一只蝗虫。

大家都满载而归的时候，灰蝇就上来了，一会儿向前，一会儿向后，一会儿又打着转，总是紧跟着蜂，不让它从自己的眼皮底下溜走。

❷行为描写

讲述了灰蝇是如何将卵下到蜂洞的，动作非常迅速。

当母蜂把猎物夹在腿间拖到洞里去的时候，它们也准备行动了。②就在猎物将要全部进洞的那一刻，它们飞快地飞上去停在猎物的末端，产下了卵。

就那一眨眼的工夫，它们以迅雷不及掩耳之势完成了任务。母蜂还没有把猎物拖进洞的时候，猎物已带着新来的不速之客的种子了。这些"坏种子"变成虫子后，将要把这猎物当作成长所需的食物，而让洞主人的孩子们活活饿死。

不过，退一步想，对于这种专门掠夺人家的食物吃人家的孩子来养活自己的蝇类，我们也不必对它们过于指责。

❸对比、反衬

通过对比表现了人类的可恶与罪恶。

③一个懒汉吃别人的东西，那是可耻的，我们会称他为"寄生虫"，因为他牺牲了同类来养活自己。可昆虫从来不做这样的事情，它从来不掠取其同类的食物，

昆虫中的寄生虫掠夺的都是其他种类昆虫的食物，所以，跟我们所说的"懒汉"还是有区别的。你还记得泥匠蜂吗？没有一只泥匠蜂会去沾染一下邻居所隐藏的蜜，除非邻居已经死了，或者已经搬到别处去很久了。其他的蜜蜂和黄蜂也一样。所以，昆虫中的"寄生虫"要比人类中的"寄生虫"高尚得多。

我们所说的昆虫的寄生，其实是一种"行猎"行为。例如，那没有翅膀、长得跟蚂蚁似的那种蜂，它用别的蜂的幼虫喂自己的孩子，就像别的蜂用毛毛虫、甲虫喂自己的孩子一样。

一切东西都可以成为猎手或盗贼，就看你从怎样的角度去看待它。

①其实，我们人类是最大的猎手和最大的盗贼。他们偷吃了小牛的牛奶，偷吃了蜜蜂的蜂蜜，就像灰蝇掠夺蜂类幼虫的食物一样。

寄生虫这样做是为了抚育自己的孩子。自古以来，人类不也总是想方设法地把自己的孩子拉扯大，而且往往不择手段吗？

✒ 读书笔记

❶议论说明
　　说明人类与那些昆虫一样，而且是最大的盗贼，表现出人类残忍、自私的一面。

精华赏析

作者通过描写寄生虫是如何不劳而获的，来表现出寄生虫的狡猾和心狠手辣。最后与人类进行对比，表现出人类的罪恶，以及对寄生虫的理解。

延伸思考

1.寄生虫是指什么？
2.寄生虫是如何抚养孩子的？

相关链接

本章主要介绍了昆虫中的一些可恶的寄生虫。这些寄生虫们自己不为幼虫寻找食物和筑巢，而是把卵下在别的昆虫的巢里，下在别的昆虫的幼虫旁边，等到自己的幼虫孵化出来之后就把别的幼虫当作美餐吃掉，这种强盗的做法既残忍而又自私，不仅是人类社会中有这种罪恶，昆虫中也有这种狠毒的罪恶，表达了作者对这种不劳而获的寄生虫的唾弃和鄙夷。

幸福的蟋蟀

名师导读

　　阳光下、田野里、草地上，一阵阵"克利克利"的振动声，那是蟋蟀在歌唱幸福，歌唱生活。

　　① 今天，让我们一起来看看我们的一位老朋友，这就是蟋蟀。在拜访它们之前，让我们先来看一首关于蟋蟀的小诗吧！

❶开门见山
　　开门见山直接进入主题。

　　一只快乐的蟋蟀

　　静静地享受着阳光的关爱

　　忽然，它看见一只漂亮的蝴蝶

　　向它展示衣服的多彩

　　蟋蟀却很释怀

　　突然一阵暴雨

　　② 污泥沾遍了蝴蝶的花衣

　　可我们这位隐者

　　依旧安然在石下高歌

　　淡然吧，这就是快乐

　　它高声唱道

❷引用诗句
　　引用诗句的内容，表现出蟋蟀的乐观和淡然。

✒ 读书笔记

从这首诗里，我们可以初步认识一下可爱的蟋蟀了。

我经常在家门口看见蟋蟀，它们经常卷动它们的触须，以便使它们的身体前面更凉快一些、后面更温暖一些。

它们对自己的生活很满意，一点儿也不妒忌那些在花中翩翩起舞的蝴蝶。相反，有时蟋蟀还会同情它们。它们这种同情，就好像有家有快乐的人同情那些马路边上无家可归的人一样。

❶议论说明……
说明蟋蟀快乐的理由。

①的确，蟋蟀有家，也有快乐。它们是积极向上的一群，很乐观，也很幸福。它们拥有自己的小屋、自己的小提琴。这些让它们感到高兴和满足。

❷说明、过渡……
表现了蟋蟀的与众不同。

先说蟋蟀的小屋吧！在建造巢穴和家庭方面，蟋蟀可真算是超群出众了。②在所有昆虫中，只有蟋蟀在长大之后，拥有固定的家庭。

❸叙述………
蟋蟀对自己的家很重视，所以好的家庭环境很重要。

③只有蟋蟀的家是为了安全和舒适而建造的。它们很慎重地为自己选择一个家庭住址。那些排水条件好、日照也非常充分的地方，当然是它们的首选。

除了人类，至今我也不知还有什么动物的建筑技术要比蟋蟀更高明。在蟋蟀的家里，有可靠安全的隐蔽场所，有享受不完的舒适感。同时，在它家附近的区域，谁都不可能居住下来成为它们的邻居。

蟋蟀怎么会拥有这么出众的才华呢？上天真是厚待了这些令人费解的小动物。

蟋蟀的家是那样的稳固和安全，想要在蟋蟀家中把它捉住可真比登天还难。不过，要想将它们从家里引诱

注释
翩翩起舞：形容轻快地跳起舞来。

出来，可就不是什么难事儿了。

① 你可以拿一根长长的草茎，把它放到蟋蟀的洞穴里去，轻轻转动几下，蟋蟀一定会立马从房间里跳出来。这下，这个小东西可就自投罗网了。当然，你还可以用一杯水将它从洞穴里冲出来。

这让我想起了童年时捉蟋蟀的乐事儿。一群孩子跑到草地里捉蟋蟀。捉住之后，就把它们带回家，用罐子养起来。然后，采一些新鲜的莴苣叶子喂养它们。② 这些真有意思呀！

提起蟋蟀，我们不可能不提起它那动听的歌声。在昆虫的王国里，蟋蟀和蝉一样，可是因为自己的歌声才出名的。

让我们一起来欣赏一下它们的音乐吧！蟋蟀是在自己的家门口唱歌的。在温暖的阳光下，蟋蟀从不躲在屋里独自欣赏。你听这"克利克利"柔和的振动声多么美妙。在我所知道的昆虫中，再没有谁的歌声比它的更动人、更美妙的了。

③ 整个春天寂寞的时光就被蟋蟀的歌声打发掉了。在歌唱声中，蟋蟀为自己寻找到了最大的幸福和快乐。同时，也将快乐带给了它周围的各种各样的生命。

在 7 月到 10 月这些炎热的夜晚里，蟋蟀的歌声从太阳落山时就开始了，直到半夜也不停歇。

我们这位勤劳的歌唱家就这么陪着星星、伴着月亮，快乐地唱着，歌唱着幸福，歌唱着生活。

❶ **方法介绍**·········
　　这段话交代了捉蟋蟀的方法。

❷ **抒发情感**·········
　　表现当时愉悦的心情，也说明"我"很喜欢那些蟋蟀。

❸ **概括总结**·········
　　说明把快乐给自己也把快乐带给别人，蟋蟀是快乐的。

精华赏析

　　文章引用诗词来奠定本文轻松的基调，通过多方面来介绍蟋蟀，来表现出蟋蟀的乐观、勤劳和淡泊，它也给人们带来了快乐。

延伸思考

　　1.蟋蟀会在哪里安家？
　　2.怎样才能将蟋蟀从家里引诱出来？

相关链接

　　本章主要介绍了蟋蟀这种普通的小昆虫。作者在开头处开门见山地把蟋蟀当作自己的老朋友来写，用拟人的手法体现出自己对蟋蟀的亲热和熟悉，引用诗歌表现出蟋蟀的快乐和可爱，为本章奠定了欢乐的基调，洋溢着快乐的气氛和作者蕴含其中的热情。作者用对比的手法将各种昆虫的家与蟋蟀的家作比较，表现出蟋蟀的家的舒适安全，显示出蟋蟀的智慧和作者对它们的赞赏。后文中交代了捉蟋蟀的方法和乐趣，并且赞美了蟋蟀美妙动听的歌声，让人感受到其中快乐热烈的氛围。

美妙交响乐的演奏者

名师导读

如果你有足够的耐心，便可以看到蟋蟀产卵的过程，等这群小蟋蟀出生后，你还能听得一场美妙的音乐会！

谁想观看蟋蟀产卵都用不着做什么准备工作，只要有点耐心就行。^①布封说，耐心是一种天赋，我却谦虚地称之为观察者的优秀品质。

4月，最迟5月，我们给它们配对，单独放在花盆里，放一层土，压实。食物只是一片莴苣叶，要常常换上新鲜的。花盆上盖上一块玻璃，以防它们跳出来跑掉。

这种装置简单有效，必要时还可以加一个金属网罩，那就更加高级了。这样，我们就可以获得一些极其有趣的资料了。我们以后再谈这些。^②眼下，我们要盯着看它产卵，必须时刻警惕着，不让有利时机溜掉。

我持之以恒的观察有了初步满意的结果是在6月的第一个星期。

我突然发现母蟋蟀一动不动，输卵管垂直地插入土层里。它并不在意我这个冒失的观察者，久久地待在那同一个点上。最后，它拔出输卵管，漫不经心地把那小

❶引用

说明对于观察者来说，有耐心是一件很重要的事情。

❷解释说明

这句话表明我们要有足够的耐心。

225

孔洞的痕迹给抹掉，歇息片刻，溜达了一会儿，随即便在其花盆内它的地界里继续产卵。它像白额螽斯一样重复干着，但动作要慢得多。24小时之后，产卵似乎结束了。为了保险起见，我又继续观察了两天。

❶物体描写

描绘出了卵的颜色、形状和长度，以及所有卵排列在一起的样子。

① 于是，我翻动花盆的土。卵呈淡黄色，两端圆圆的，长约3毫米。卵一个一个地垂直排列于土里，每次产卵的数目不等，有多有少，相互靠紧在一起。我在整个花盆2厘米深的土里都发现有卵。

我用放大镜勉为其难地尽量数清土里的卵，我估计一只母蟋蟀一次产卵五六百个。这么多的卵肯定不久就会大大地淘汰的。

❷比喻、描述

运用比喻，突出蟋蟀卵的总体特征。

② 蟋蟀卵真像是个绝妙的小机械。孵出后，卵壳似一只不透明的白筒子，顶端有一个十分规则的圆孔，圆孔边缘是一个圆帽，作为孔盖用。圆帽并非由新生儿随意顶开或钻破的，而是中间有一条特别线条，闭合不紧，可自动启开。看卵孵出会挺有趣的。

卵产下之后大约半个月，前端出现两个又大又圆的黑黄点，那是蟋蟀的眼睛。在这两个圆点稍高处，在圆筒子的顶端，出现一条细小的环状肉。卵壳将从这儿裂开。很快，半透明的卵就能让我们看到婴儿那孵化中的小样儿。这时候就必须倍加小心，增加观察次数，尤其是早晨。

❸细节描写

这段话具体交代了蟋蟀破卵而出的过程。

幸运垂青耐心的人，我的孜孜不倦终于有了报偿。③ 稍稍隆起的肉在不停地变化着，出现了一拱就破的一条细线。卵的顶端被其中的婴儿的额头顶着，顺着那条细肉线抻着，像小香水瓶一样微微启开，分落两旁。蟋蟀便像小魔鬼似的从这个魔盒中钻出来了。

小魔鬼出来之后，壳儿还鼓胀着，光滑而完整，呈纯白色，圆帽挂在孔口。鸟蛋是由雏鸟喙上专门长着的一个硬肉瘤撞破的；蟋蟀的卵则是一个高级小机械，犹如一只象牙盒子似的自动启开。小蟋蟀额头一顶，铰链就启动，壳就张开了。

小蟋蟀一脱掉身上的那件精细外套，浑身发灰，几近白色，立刻便与上面压着的土搏斗开来。① 它用大颚拱土；它蹬踢着，把松软的碍事的土扒拉到身后去。它终于钻出土层，沐浴着灿烂的阳光。但它如此瘦小，不比一只跳蚤大，在弱肉强食的世界上经历风险。24 个小时，它体色变化，成了一个漂亮的小黑蟋蟀，乌黑的颜色可与成年蟋蟀一争高下。② 原先的灰白色只剩下一条白带围着胸前，宛如牵着婴孩学步的背带。

它十分敏捷，用它那颤动着的长触须在探查周围空间；它奔跑、蹦跳，开心得很。以后体态发胖，它就不会这么活蹦乱跳的了。它年幼胃嫩，该给它吃些什么呢？我全然不知。我像喂成年蟋蟀一样，拿嫩莴苣叶喂它。它不屑吃它，或者也许是吃了点而我没看出来，因为它咬的印迹不明显。

③ 不几天工夫，我的十对蟋蟀大家庭成了我的一大负担。一下子就是五六千只小蟋蟀，当然是一群漂亮的小家伙，可它们都需要如何照料，我却一无所知，这叫我如何是好。

啊，我可爱的小家伙们，我将给予你们充分的自由，我将把你们托付给大自然这个至高无上的教育者。

我就这么办了。我找到花园里最好的一些地方，把它们这儿那儿地放生一些。④ 如果它们一个个都活得很好，明年我的门前会有多么美妙动听的音乐会呀！但是，这美景并未出现，可能不会有什么美妙动听的音乐

❶动作描写
生动地描绘出小蟋蟀是如何从土里出来的。

❷巧用比喻
将白带比喻成婴孩学步的背带，形象、生动。

❸数量对比
通过数量对比突出了蟋蟀的繁衍能力强大。

❹假想
"我"想象着明年花园里的美好场景，表现出了"我"对蟋蟀的喜爱。

会了，因为母蟋蟀虽然大量产仔，但随之而来的是凶残的杀戮。幸存下来的很可能只有几对蟋蟀。

首先，奔来抢掠这天赐美味、大开杀戒的是小灰壁虎和蚂蚁。尤其是蚂蚁这个可恶的强徒，恐怕不会在我的花园里给我留下一只蟋蟀的。它抓住可怜的小家伙们，咬破它们的肚皮，疯狂地大嚼一通。

啊！该死的恶虫！可我们一直把它视为第一流的昆虫呢！书本上在赞扬，对它还赞不绝口；博物学家们把它们捧上了天，每天都在为它们锦上添花。①动物界同人类一样，让自己声威远扬的办法有千万种；但最可靠的办法则是损人利己，这是千真万确的道理。

❶由物及人
　　由蟋蟀的行为而联想到人类，具有讽刺意味。

谁都不了解弥足珍贵的清洁工食粪虫和埋葬虫，可吸血的蚊虫、长毒刺的凶狠好斗的黄蜂以及专干坏事的蚂蚁却无人不知无人不晓。在南方的村子里，蚂蚁毁坏房屋椽子的热情如同它们掏空一棵无花果树一样。

②我无须赘述，每个人都能从人类的档案馆中找到类似的例证：好人无人知晓，恶人声名远扬。

❷概括总结
　　从昆虫联想到人类，总结出深刻道理。

由于蚂蚁以及别的一些杀戮者的屠杀之无情，我的花园中开始时数量多多的蟋蟀日渐稀少，使我的研究难以为继。我只好跑到花园以外的地方去进行观察了。

8月里，在尚未被三伏天的烈日烤干的草地上的小块绿洲的落叶中，我发现了已经长大了的小蟋蟀。它们与成年蟋蟀一样全身墨黑，初生时的白带子已经全褪去了。它居无定所，一片枯叶、一片砖瓦足可以遮风避雨，犹如不考虑何处歇足的流浪民族的帐篷一样。

直到10月末，初寒来临，它才开始筑巢做窝。据我对囚于钟形罩中的蟋蟀的观察，这个活儿非常简单。

❸叙述说明
　　蟋蟀总是会找一个较为隐蔽的地方筑巢，表现出它的谨慎。

③蟋蟀从不在其中的一个裸露地点筑巢，而总是在

吃剩的莴苣叶遮盖着的地方做窝，莴苣叶代替了草丛作为隐藏时不可或缺的遮檐。

①蟋蟀工兵用前爪挖掘，利用其颚钳挖掉大沙砾。我看见它用它那有两排锯齿的有力的后腿在蹬踢，把挖出的土踹到身后，呈一斜面。这就是它筑巢做窝的全部工艺。

一开始活儿干得挺快，在我的囚室的松软土层里，两个小时的工夫，挖掘者便消失在地下了。

它还不时地边后退边扫土地回到洞口。②如果干累了，它便在尚未完工的屋门口停下来，头伸在外面，触须微微地颤动着。休息片刻之后，它又返回去，边挖边扫地又继续干起来。不一会儿，它又干干歇歇，歇息的时间也越来越长，我观察的劲头儿也随之减低了。

最紧迫的活计完成了。洞深两寸，目前已够用了，余下的活费时费力，得每天抽空去干点。天气日渐转凉，自己的身体在渐渐长大，巢穴得逐渐加深加宽。

即使到了大冬天，只要天气暖和，洞口有太阳，也能常常看见蟋蟀在往外弄土，说明它在修整扩建巢穴。到了春光明媚时，巢穴仍在继续维修，不停地修复，直至屋主去世为止。

③4月过完，蟋蟀开始歌唱，先是一只两只，羞答答地在独鸣，不久便响起交响乐来，每个草窠窠里都有一只在歌唱。我很喜欢把蟋蟀列为万象更新时的歌唱家之首。在我家乡的灌木丛中，在百里香和薰衣草盛开之时，蟋蟀不乏其应和者，百灵鸟飞向蓝天，展放歌喉，从云端把其美妙的歌声传到人间。地上的蟋蟀虽歌声单调，缺乏艺术修养，但其纯朴的声音与万象更新的质朴欢快又是多么的和谐呀！它那是万物复苏的赞歌，是萌

❶动作描写
交代了蟋蟀筑巢的过程。

❷细节描写
描写蟋蟀干活干累后，休息时的样子，非常形象、生动。

❸排比、拟人
运用排比、拟人等多种修辞手法体现蟋蟀歌声优美。

芽的种子和嫩绿的小草能听懂的歌。在这二重唱中，优胜奖将授予谁？我将把它授予蟋蟀。它以歌手之多和歌声不断占了上风。当田野里青蓝色的薰衣草如同散发青烟的香炉在迎风摇曳时，百灵鸟就不再歌唱了，人们只能听见蟋蟀仍在继续低声地唱着，仍在庄重地歌颂着。

❶解释说明
采用童话的形式解释了蟋蟀唱歌的原理。

① 现在，解剖家跑来唆了，粗暴地对蟋蟀说："把你那唱歌的玩意儿让我们瞧瞧。"它的乐器极其简单，如同真正有价值的一切东西一样。它与螽斯的乐器原理相同：带齿条的琴弓和振动膜。

蟋蟀的右鞘翅除了裹住侧面的皱襞，几乎全部覆盖在左鞘翅上。这与我们所见到的绿蚱蜢、螽斯、距螽以及它们的近亲完全相反。蟋蟀是右撇子，而其他的则是左撇子。

两个鞘翅结构完全一样，知道一个也就了解了另一个。我们来看看右鞘翅吧！

❷物体描写
描述了右鞘翅的样子，比喻生动、贴切。

② 它几乎平贴在背上，但在侧面突呈直角斜下，以翼端紧裹着身体，翼上有一些斜向平行细脉。背脊上有一些粗壮的翅脉，呈深黑色，整体构成一幅复杂而奇特的图画，形同阿拉伯文似的天书。

鞘翅透明，呈淡淡的棕红色，只是两个连接处不是如此。一个连接处大些，三角形，位于前部；另一个小些，椭圆形，位于后部。这两个连接处都由一条粗翅脉围着，并有一些细小的皱纹。第一处还有四五条加固的人字形条纹；后一处只是一条弓形的曲线。这两处就是这类昆虫的镜膜，构成其发声部位。其皮膜的确比别处的细薄更透明，尽管略呈黑色。

❸叙述说明
详细说明了蟋蟀发声的方法和原理。

③ 那确实是精巧的乐器，比螽斯的要高级得多。弓上的 150 个三棱柱齿与左鞘翅的梯级互相啮合，使四个

扬琴同时振动，下方的两个扬琴靠直接摩擦发音，上方的两个则由摩擦工具振动发声。

所以，它发出的声音是多么雄浑有力啊！螽斯只有一个不起眼的镜膜，声音只能传到几步远的地方；而蟋蟀有四个振动器，歌声可以传到数百米以外。

①蟋蟀声音的亮度可与蝉匹敌，而且还不像蝉的叫声那么沙哑、令人讨厌。更妙的是，蟋蟀的叫声抑扬顿挫。我们说过，蟋蟀的鞘翅各自在体侧伸出，形成一个阔边，这就是制振器。阔边多少往下一点儿，即可改变声音的强弱，使之根据与腹部软体部分接触的面积大小，时而是轻声低吟，时而是歌声嘹亮。

只要是不爆发交尾期间本能的争斗，蟋蟀们便会在一起和平相处。但求欢者们之间，打斗是家常便饭，而且互不相让，但结局倒并不严重。

②两个情敌相互头顶着头，互相咬脑袋，但它们的脑壳是一顶坚硬的头盔，能够顶住对方铁钳的夹掐。只见它俩你顶我拱，扭在一起，然后复又挺立，随即各自离去。

战败者逃之夭夭，得胜者放开歌喉羞辱对方，然后转而柔声低吟，围着情人轻唱求欢。③求欢者很会搔首弄姿。它手指一勾，把一根触须拽回到大颚下面，把它蜷曲起来，用其唾液作为美发霜在其上涂抹。它那尖钩、镶着红饰带的长长的后腿，焦急地跺着，向空中蹬踢着。

它因激动而唱不出声来。它的鞘翅在急速地颤动着，但却不再发出声响，或者只是发出一阵零乱的摩擦声。

求爱无果。母蟋蟀跑到一片生菜叶下躲藏起来。但是，它还是微微撩起门帘在偷看，而且也想被那只公蟋蟀看见。

❶对比
　　通过对比，突出了蟋蟀歌声之优美。

❷细节描写
　　细致描述了蟋蟀打斗的场景。

❸动作描写
　　描绘出求欢者求欢时的动作、行为，将它急不可待的样子展现出来了。

❶拟人

　　将蟋蟀的行为用人的姿态表现出来。

① 它向柳树丛中逃去，但却在偷窥着求欢者。

　　两千年前的一首牧歌就是这么温情地唱颂的。情人间打情骂俏到处都一个样儿！

精华赏析

　　作者将蟋蟀产卵的过程详细地描绘出来，并记述了蟋蟀成长的过程，揭露了蚂蚁凶残的本质，从而联系到人类，给人以启迪。在描写蟋蟀演奏音乐会的这段文字中，运用排比、拟人等手法，突出音乐的美妙、动听。

延伸思考

　　1.蟋蟀是如何发出声音的？
　　2.哪些昆虫会将蟋蟀的幼虫吃掉？

相关链接

　　本章与上一章内容相似，都是主要介绍了蟋蟀这种昆虫，但不同的是上一章侧重于从蟋蟀的角度来表达快乐和旺盛的生命力，而本章则侧重于作者的观察角度，详细地讲述了蟋蟀从产卵到逐渐成长的全部过程，讲解了蟋蟀的生理特征。开头便从蟋蟀产卵开始讲起，以时间顺序为线索展开，详细写出了蟋蟀的产卵过程和小蟋蟀的孵化历程，表现出蟋蟀强大的繁殖能力，随后在作者将蟋蟀放生的过程中对蟋蟀的天敌进行了描述，并且展开议论讽刺了蚂蚁的沽名钓誉和残暴可恶的本质，表达出作者对蟋蟀的怜惜和对蚂蚁的痛恨。后文中按时间顺序介绍了蟋蟀的成长历程，并且对蟋蟀的生理特征和生活习性进行了详细的解释，表现出作者仔细而敏锐的观察和对蟋蟀的热爱与赞美。

流浪者

名师导读

　　有一种甲虫是流浪者，它没有固定的住所，总是随意变迁着住处。现在让我们来了解一下这种甲虫吧！

　　我们现在要讲到的甲虫是一种以枯露菌为食的甲虫，我是在一个有很多蘑菇的松树林里发现这种甲虫的。在认识甲虫之前，我们先来认识一下枯露菌。^①所谓枯露菌，指的是一种生长在地底下的蘑菇。

❶介绍说明·········
　　首先介绍枯露菌是什么，从而引出本文的主人公。

　　这种爱吃枯露菌的甲虫，是一种美丽的甲虫。它们个头小小的、黑黑的，有一个圆圆的白绒肚皮，像是一粒樱桃的核。

　　当它用翅膀的边缘摩擦着腹部时，就会发出一种柔软的"唧唧"声，听起来就像小鸟看见母亲带着食物回家时所发出的声音一样。

　　雄甲虫头上还长着一个美丽的角。

　　^②这种甲虫是流浪者，并且是夜行客。随便什么时候，它想离开自己现有的这个洞的时候，它很容易迁到别处造个新巢。

❷叙述说明·········
　　这种甲虫经常四处流浪，漂泊不定。

　　有时候我运气很不错，能在洞底发现甲虫，但永远

233

只有一个，或雌或雄，从不成对。看来，这个洞并不是一个家庭的所在地，而是专门给独身的甲虫住的。

你看，这洞里的甲虫正在啃着一个蘑菇，已经吃完了一部分。① 它虽然已经累了，但仍紧紧地抱着蘑菇。它决不肯轻易放弃这个蘑菇，因为这是它的宝贝，它一生的最爱。从周围许多吃剩的碎片看，这只甲虫已经吃得饱饱的了。

❶ 联想、描述
这段话充分体现了甲虫对蘑菇的喜爱。

当我从它手中夺过这个宝物的时候，我发现这是一种枯露菌。

这个事实似乎可以解释甲虫的习惯和它常要换新居的理由。让我们想象一下吧，在静静的黄昏中，这个小旅行家便从它的洞里慢慢地踱着步走出来。它的心情看来不错，一边快活地唱着歌，一边悠闲地散着步。它仔细地检查着土地，探察这地底下所埋的东西。它正是在找枯露菌呢！

❷ 解释说明
解释这种甲虫是如何找到枯露菌的。

② 它有一种我们人类还不知道的感觉，这种感觉告诉它，哪个地方有枯露菌。虽然被泥土掩盖着，它的感觉也会告诉它，那个地方虽然泥土肥沃，但地底下绝不会有菌类。

当它判定哪个地点下面有菌类的时候，它就一直往下挖，结果总能找到它的食物。它挖的洞也成了它的临时宿舍，在食物没吃完之前，它是决不会离开洞的。

在自己的洞里，它快活地吃着，忘记了周围的一切，管它洞门是开着的还是关着的。

❸ 行为描写
这段话表明了甲虫总是搬家的原因。

③ 等到洞里的食物吃完了，它就要搬家了。它会在别处找一个适当的地方，再掘下去，然后住一阵子，吃一阵子；等到新屋里的食物吃完了，它就再搬一次家。

在整个秋季到来年春季，菌类生长旺盛，这些小甲虫就这样游历着，"打一枪换一个地方"。

它们就这样流浪着，很辛苦也很快乐！

精华赏析

先介绍甲虫的外貌和特点，让人们对它有了一个详细的了解。之后介绍甲虫习惯搬家的行为，表现出它们对枯露菌的喜爱。

延伸思考

1.枯露菌是指什么？

2.这种甲虫是如何找到菌类的？

相关链接

本章主要介绍了一种以枯露菌为食的小甲虫。这种甲虫不做窝，而是四处流浪，追寻着枯露菌而居，它们凭借着人类尚不知道的感觉来寻找被埋藏在泥土下的枯露菌，在枯露菌的生长处边吃边住，等到吃完这里的枯露菌，便钻出来再寻找下一处，这也解释了它们总是到处流浪搬家的原因。

注释

旺盛：生命力强；情绪高涨；茂盛。

默默无闻的绿头苍蝇

名师导读

大家都觉得绿头苍蝇是一种恶心的昆虫，其实当你了解它之后，你就会发现它的可爱之处，它就是大自然勤勤恳恳的环卫工人。

❶引出后文⋯⋯⋯⋯

开篇点题，既引出主角铺垫下文，也表达了作者对这些昆虫的赞美之情。

❷外貌描写⋯⋯⋯⋯

从这段描写中可以看出作者对绿头苍蝇的赞美和喜爱之情。

① 有许多昆虫看起来让人很不舒服，但其实它们的工作是很有价值的。尽管它们没有因此而得到公正的对待，却仍旧默默地工作着。

当你在路边发现一只死老鼠时，走近些，你就会看见它身上聚集着很多蚂蚁、甲虫和苍蝇。你身上肯定会起鸡皮疙瘩，捂着鼻子跑开。你是不是觉得这些昆虫都挺肮脏可怕、让人恶心？

事实并不是你想象的那样，这些昆虫这样忙碌，是在为这个世界做清洁工作呢。

② 你一定见过碧蝇吧？也就是我们通常所说的"绿头苍蝇"。它们有着漂亮的金绿色的外套，发着金属般的光彩，它们还有一对红色的眼睛。

当它们闻到很远的地方有死动物的气味时，会立马赶过去产卵。几天后，你会发现那动物的尸体变成了液体，里面有几千条尖头小虫子。这实在让人觉得反胃。

不过，除此之外，还有什么别的更好更容易的方法消灭腐烂发臭的动物的尸体，让它们分解后被泥土吸收，从而再为别的生物提供养料呢？

如果尸体没经过碧蝇的处理，它也会渐渐风干。但这样的话，要经过很长一段时间才会消失，而且会传染疾病。

① 其实，能做这种工作的，除了碧蝇，还有灰肉蝇和另外一种大的肉蝇。它们的幼虫都有一种惊人的本领，能很快把固体物质转变成流质，然后喝光。

你常常可以看到这些蝇在玻璃窗上、垃圾堆里嗡嗡地飞着。千万不要让它停在你要吃的东西上面，要不然的话，它会使你的食物沾满细菌。

② 不过，你可不必像对待蚊子一样，毫不客气地去拍死它们，只要将它们赶出去就行了。

要知道在房间外面，它们可是大自然的功臣。它们以最快的速度，让死尸待过的地方产生新的生命，使我们的土壤更肥沃，从而形成新一轮的良性循环。

记住，它们是大自然勤勤恳恳的环卫工人。

❶举例说明⋯⋯⋯⋯

除了碧蝇，灰肉蝇和另外一种大的肉蝇也是环卫工人。

❷作比较⋯⋯⋯⋯⋯

与蚊子作比较，表明碧蝇不是害虫。

精华赏析

本章通过对绿头苍蝇的介绍，让我们了解到它的无私和伟大。字里行间都透露出作者对碧蝇的赞美之情。

延伸思考

1. 碧蝇长什么样？

2. 碧蝇有什么用？

相关链接

本章主要介绍了"绿头苍蝇"这种普通而又被人们所厌恶的昆虫，但作者在此却并不是表达出他对碧蝇的厌恶，而是为碧蝇正名，表达出对它的赞赏。本章开头处直接点明全文中心主旨，暗示着接下来要讲到的是一种让人看起来不舒服，却默默做出巨大贡献的昆虫。作者运用了欲扬先抑的手法，在开头处先提出了人们对苍蝇等昆虫的厌恶，它们总是与肮脏和污秽等可怕的词语联系在一起，随后作者以碧蝇在大自然中的重要作用为切入点，详细地解释了碧蝇等昆虫利用幼虫快速处理腐烂发臭的动物尸体的方式，介绍了这些看起来恶心的昆虫为大自然的清洁所做出的巨大贡献，表达出作者对它们默默无闻的奉献精神的赞美，和对它们所受到的不公平对待的批判，呼吁人们正视这些大自然的环卫工人。

名家心得

《昆虫记》融作者毕生的研究成果和人生感悟于一炉，以人性观察虫性，将昆虫世界化作供人类获取知识、趣味、美感和思想的美文。

——巴　金

羡慕有这样的好书看的别国少年，也希望中国有人来做这翻译编纂的事业。

——周作人

读者感悟

翻开《昆虫记》，我仿佛走进了一个奇妙而又神秘的世界，在这里我看到了一幅幅有关昆虫的精彩画卷，在这里我了解到了更多神奇的秘密。

《昆虫记》，它是法国杰出昆虫学家、文学家法布尔的传世佳作，亦是一部不朽的著作。融作者毕生研究成果和人生感悟于一炉，娓娓道来。我十分佩服作者那份坚持不懈的精神，他能够花费一生的精力去研究昆虫的世界，能够忍受得住寂寞，远离各种舞会，一心一意只为自己的兴趣所在。也许，只有这样的人，最终才能成功吧。

这本书就是法布尔留下的一份宝藏，在生动活泼、幽默诙谐的语言中，我看到了一个不一样的世界，我的视野变得开阔，看待问题的深度也与以往不同。在这本书中，我发现了大自然中蕴含的各种科学真理，也看到了作者本人对于生命的尊重和热爱。

从这本书中，我了解到其实昆虫和人类是那么的相像。比如寄生虫不怀好意，找一个机会牺牲别人，以便安置自己的家，这和人类世界没有什么不同。那些凶残的昆虫被人们熟知，而那弥足珍贵的清洁工食粪虫却无人知晓，这不正和人类一样：好人无人知晓，恶人声名远扬。

其实，昆虫不仅与人类相像，而且和人类紧密相连。地球上所有的生命，包括那些不起眼的昆虫在内，都生活在一个紧密相连的系统中，都是地球生物链上不可缺少的一环，所以，昆虫的生命也要得到尊重。

想想我自己就觉得惭愧，以前我很害怕昆虫，看到它们之后都会躲起来，看到一些弱小的昆虫就将其踩死。记得有一次我在吃面包时，不小心将面包屑掉到了地上，不一会儿，这就聚集了一大群黑蚂蚁。它们排着队将面包屑往一个小洞穴里面搬，当时我玩心一起，便用石头挡着它们的路。看着它们四处乱跑，不知道方向的样子，我心里开心极了。后来害怕这些黑蚂蚁记住我，以后来报复我，我就将它们全都踩死了。在看过《昆虫记》后，我为自己的行为感到愧疚。书中曾说红蚂蚁不能生儿育女，也不懂得如何获取食物，便将黑蚂蚁的孩子抢走，逼着这些俘虏为自己寻找食物。这些黑蚂蚁已经够可怜了，而我却为了一时好玩，将它们残忍地杀死。虽然它们个头小，但那也是生命啊！

这本书，让我懂得要对任何生命怀有敬畏感，不要随便残杀任何一条无辜的生命。也许有些昆虫并不好看，但是它们的内心却是美好的。读了这本书，我真正地爱上了大自然，爱上了这些昆虫。

阅读拓展

《昆虫记》被译成许多种文字出版。中国也翻译出版了大量法布尔的作品。《松树金龟子》（谭常轲译，上海文化生活出版社 1999 年版，原文有删改）被选入苏教版初一下学期语文书第 4 单元第 16 课。另外，法布尔所写的《蟋蟀的住宅》被选为人教版小学四年级上学期第二单元第 7 课和冀教版小学六年级下学期第五单元第 26 课。

真题演练

一、填空题

1.《昆虫记》是_____国杰出昆虫学家_____的传世佳作。

2.《昆虫记》中的"音乐家"是_____。

3.《昆虫记》又译为_____、_____和_____。

4.《昆虫记》不仅是一部_____，还是一部_____。

5.《昆虫记》中，_____的幼虫都有一种惊人的本领，就是将固体物质变成流质。

二、选择题

1.蜜蜂在《昆虫记》中被称为（　　）。

A. 勤劳的使者　　B. 不会迷失的精灵

2.（　　）不怕蝎子的毒。

A. 狼蛛

B. 金匠花金龟幼虫

C. 金步甲幼虫

3.法布尔的生活十分（　　）。

　　A.清贫　　　　　　B.富裕　　　　　　C.悠闲

4.《昆虫记》透过昆虫折射出（　　）。

　　A.社会人生　　　　B.历史　　　　　　C.社会机制

5. 蜂螨寄生在（　　）身上。

　　A.蜘蛛　　　　　　B.蝉　　　　　　　C.蜜蜂

6.在7月到10月炎热的（　　）里，蟋蟀不停地唱歌。

　　A.早晨　　　　　　B.中午　　　　　　C.夜晚

7."蟹蛛"得名的原因是（　　）。

　　A.它长得像螃蟹　　　　　　　B.它喜欢捕食蜜蜂

　　C.它走路的样子极像螃蟹　　　D.它是螃蟹的一种

三、判断题

1.作者认为绿头蝇是"环卫工人"，对大自然有贡献。　　（　　　）

2.枯露菌是一种生长在地底下的蘑菇。　　　　　　　　（　　　）

3.蟋蟀声音的亮度比不上蝉。　　　　　　　　　　　　（　　　）

4.蚂蚁与蟋蟀和平共处。　　　　　　　　　　　　　　（　　　）

5.作者亲自跑去阿根廷的潘帕斯大草原观察法那斯米隆。（　　　）

6.《昆虫记》中，法布尔仔细观察食粪虫劳动的过程，称这些
　食粪虫为清洁工。　　　　　　　　　　　　　　　　（　　　）

四、问答题

1.菜豆象以什么样的菜豆为食？

2.黑步甲装死是怎么一回事？

一、填空题

1. 法，法布尔

2. 蟋蟀

3.《昆虫物语》《昆虫学札记》《昆虫世界》

4. 文学巨著 科学百科

5. 碧蝇

二、选择题

1.B 2.B 3.A 4.A 5.C 6.C 7.C

三、判断题

1. √ 2. √ 3. × 4. × 5. × 6. √

四、问答题

1. 它需要老的、硬的、掉在地上像石头子儿似的嘭嘭响的豆子。

2. 黑步甲在危急的时刻，摇晃身体，站立起来，拔腿就跑，压根儿不是什么狡诈伎俩，它那仰躺着一动不动的姿态，不是装出来的，而是真实的暂时麻木的昏沉状态。

爱阅读课程化丛书/快乐读书吧

		外国经典文学馆			
序号	作品	序号	作品	序号	作品
1	七色花	31	格列佛游记	61	好兵帅克历险记
2	愿望的实现	32	我是猫	62	吹牛大王历险记
3	格林童话	33	父与子	63	哈克贝利·费恩历险记
4	安徒生童话	34	地球的故事	64	苦儿流浪记
5	伊索寓言	35	森林报	65	青 鸟
6	克雷洛夫寓言	36	骑鹅旅行记	66	柳林风声
7	拉封丹寓言	37	老人与海	67	百万英镑
8	十万个为什么（伊林版）	38	八十天环游地球	68	马克·吐温短篇小说选
9	希腊神话	39	西顿动物故事集	69	欧·亨利短篇小说选
10	世界经典神话与传说	40	假如给我三天光明	70	莫泊桑短篇小说选
11	非洲民间故事	41	在人间	71	培根随笔
12	欧洲民间故事	42	我的大学	72	唐·吉诃德
13	一千零一夜	43	草原上的小木屋	73	哈姆莱特
14	列那狐的故事	44	福尔摩斯探案集	74	双城记
15	爱的教育	45	绿山墙的安妮	75	大卫·科波菲尔
16	童 年	46	格兰特船长的儿女	76	母 亲
17	汤姆·索亚历险记	47	汤姆叔叔的小屋	77	茶花女
18	鲁滨逊漂流记	48	少年维特之烦恼	78	雾都孤儿
19	尼尔斯骑鹅旅行记	49	小王子	79	世界上下五千年
20	爱丽丝漫游奇境记	50	小鹿斑比	80	神秘岛
21	海底两万里	51	彼得·潘	81	金银岛
22	猎人笔记	52	最后一课	82	野性的呼唤
23	昆虫记	53	365夜故事	83	狼孩传奇
24	寂静的春天	54	天方夜谭	84	人类群星闪耀时
25	钢铁是怎样炼成的	55	绿野仙踪	85	动物素描
26	名人传	56	王尔德童话	86	人类的故事
27	简·爱	57	捣蛋鬼日记	87	新月集
28	契诃夫短篇小说选	58	巨人的花园	88	飞鸟集
29	居里夫人传	59	木偶奇遇记	89	海的女儿
30	泰戈尔诗选	60	王子与贫儿		陆续出版中……

		中国古典文学馆			
序号	作品	序号	作品	序号	作品
1	红楼梦	12	镜花缘	23	中华上下五千年
2	水浒传	13	儒林外史	24	二十四节气故事
3	三国演义	14	世说新语	25	中国历史人物故事
4	西游记	15	聊斋志异	26	苏东坡传
5	中国古代寓言故事	16	唐诗三百首	27	史 记
6	中国古代神话故事	17	小学生必背古诗词70+80首	28	中国通史

7	中国民间故事	18	初中生必背古诗文	29	资治通鉴
8	中国民俗故事	19	论 语	30	孙子兵法
9	中国历史故事	20	庄 子	31	三十六计
10	中国传统节日故事	21	孟 子	**陆续出版中……**	
11	山海经	22	成语故事		

中国现当代文学馆					
序号	作品	序号	作品	序号	作品
1	一只想飞的猫	36	高士其童话故事精选	71	大奖章
2	小狗的小房子	37	雷锋的故事	72	半半的半个童话
3	"歪脑袋"木头桩	38	中外名人故事	73	会走路的大树
4	神笔马良	39	科学家的故事	74	秃秃大王
5	小鲤鱼跳龙门	40	数学家的故事	75	罗文应的故事
6	稻草人	41	从文自传	76	小溪流的歌
7	中国的十万个为什么	42	小贝流浪记	77	南南和胡子伯伯
8	人类起源的演化过程	43	谈美书简	78	寒假的一天
9	看看我们的地球	44	女 神	79	古代英雄的石像
10	灰尘的旅行	45	陶奇的暑期日记	80	东郭先生和狼
11	小英雄雨来	46	长 河	81	红鬼脸壳
12	朝花夕拾	47	丁丁的一次奇怪旅行	82	赤色小子
13	骆驼祥子	48	小仆人	83	阿 Q 正传
14	湘行散记	49	旅 伴	84	故 乡
15	给青年的十二封信	50	王子和渔夫的故事	85	孔乙己
16	艾青诗选集	51	新同学	86	故事新编
17	狐狸打猎人	52	野葡萄	87	狂人日记
18	大林和小林	53	会唱歌的画像	88	彷 徨
19	宝葫芦的秘密	54	鸟孩儿	89	野 草
20	朝花夕拾·呐喊	55	云中奇梦	90	祝 福
21	小布头奇遇记	56	中华名言警句	91	北京的春节
22	"下次开船"港	57	中国古今寓言	92	济南的冬天
23	呼兰河传	58	雷锋日记	93	草 原
24	子 夜	59	革命烈士诗抄	94	母 鸡
25	茶 馆	60	小坡的生日	95	猫
26	城南旧事	61	汉字故事	96	匆 匆
27	鲁迅杂文集	62	中华智慧故事	97	落花生
28	边 城	63	严文井童话故事精选	98	少年中国说
29	小桔灯	64	仰望第一面五星红旗升起	99	可爱的中国
30	寄小读者	65	徐志摩诗歌	100	经典常谈
31	繁星·春水	66	徐志摩散文集	101	谁是最可爱的人
32	爷爷的爷爷哪里来	67	四世同堂	102	祖父的园子
33	细菌世界历险记	68	怪老头	**陆续出版中……**	
34	荷塘月色	69	从百草园到三味书屋		
35	中国兔子德国草	70	背 影